青少年科技创新丛书

人工智能入门
童芯派互动程序设计

王克伟　　主　编
刘晓静　马丽丽　副主编

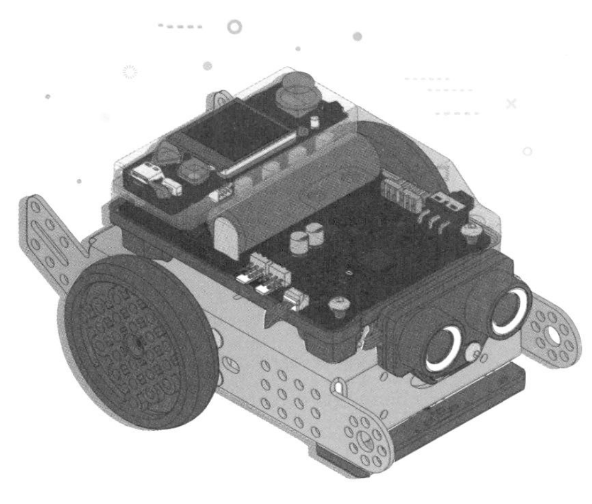

清华大学出版社
北　京

内 容 简 介

童芯派主控是一款针对人工智能编程教学设计的新一代可联网微型计算机，专为 AIoT 与 Python 教学而设计。无论是创新科技应用还是编程普及，童芯派都能完美适配"趣"学习。本书共分 3 部分 28 课，第 1 部分为神奇百宝箱，主要介绍童芯派主控板自带的程序运行效果，通过程序的运行体验录音功能、音量柱带来的身边科技。第 2 部分为历险童芯世界，通过交互的图形化程序感受手势识别、人脸识别等人工智能新科技。第 3 部分为勇闯代码岛，使用全新的慧编程 Python 编程器，降低了 Python 编程创作的门槛。

本书可作为青少年人工智能和编程教育教师参考书和学生用书。

图书在版编目(CIP)数据

人工智能入门：童芯派互动程序设计/王克伟主编. —北京：清华大学出版社，2021.9
(青少年科技创新丛书)
ISBN 978-7-302-58136-9

Ⅰ. ①人… Ⅱ. ①王… Ⅲ. ①人工智能－程序设计－青少年读物 Ⅳ. ①TP18-49

中国版本图书馆 CIP 数据核字(2021)第 088439 号

责任编辑：张 弛
封面设计：刘 键
责任校对：袁 芳
责任印制：曹婉颖

出版发行：清华大学出版社
网　　址：http://www.tup.com.cn，http://www.wqbook.com
地　　址：北京清华大学学研大厦 A 座　　**邮　　编**：100084
社 总 机：010-62770175　　**邮　　购**：010-62786544
投稿与读者服务：010-62776969，c-service@tup.tsinghua.edu.cn
质量反馈：010-62772015，zhiliang@tup.tsinghua.edu.cn
印 装 者：三河市铭诚印务有限公司
经　　销：全国新华书店
开　　本：185mm×260mm　　**印　　张**：9　　**字　　数**：200 千字
版　　次：2021 年 11 月第 1 版　　**印　　次**：2021 年 11 月第 1 次印刷
定　　价：59.00 元

产品编号：091521-01

推荐序

吹响信息科学技术基础教育改革的号角

（一）

信息科学技术是信息时代的标志性科学技术。信息科学技术在社会各个活动领域广泛而深入的应用，就是人们所熟知的信息化，它是 21 世纪最为重要的时代特征。作为信息时代的必然要求，经济、政治、文化、民生和安全都要接受信息化的洗礼。因此，生活在信息时代的人们都应当具备信息科学的基本知识和应用信息技术的基础能力。

理论和实践都表明，信息时代是一个优胜劣汰、激烈竞争的时代。谁最先掌握了信息科学技术，谁就可能在激烈的竞争中赢得制胜的先机。因此，对于一个国家来说，信息科学技术教育的成败优劣，成为关系到国家兴衰和民族存亡的根本所在。

同其他学科的教育一样，信息科学技术的教育也包含基础教育和高等教育这样两个相互联系、相互作用、相辅相成的阶段。少年强则国强，少年智则国智。因此，信息科学技术的基础教育不仅具有基础性意义，而且具有全局性意义。

（二）

为了搞好信息科学技术的基础教育，首先需要明确：什么是信息科学技术？信息科学技术在整个科学技术体系中处于什么地位？在此基础上，明确什么是基础教育阶段应当掌握的信息科学技术？

众所周知，人类一切活动的目的归根结底就是要通过认识世界和改造世界，不断地改善自身的生存环境和发展条件。为了认识世界，就必须获得世界（具体表现为外部世界存在的各种事物和问题）的信息，并把这些信息通过处理提炼成为相应的知识；为了改造世界（表现为变革各种具体的事物和解决各种具体的问题），就必须根据改善生存环境和发展条件的目的，利用所获得的信息和知识，制定能够解决问题的策略并把策略转换为可以实践的行为，通过行为解决问题、达到目的。

可见，在人类认识世界和改造世界的活动中，不断改善人类生存环境和发展条件这个目的是根本的出发点与归宿，获得信息是实现这个目的的基础和前提，处理信息、提炼知识和制定策略是实现目的的关键与核心，而把策略转换成行为则是解决问题、实现目的的最终手段。众所周知，认识世界所需要的知识和改造世界所需要的策略，以及执行策略的行为是由信息加工分别提炼出来的产物。于是，确定目的、获得信息、处理信息、提炼知识、制定策略、执行策略、解决问题、实现目的，就自然地成了信息科学技术的基本任务。

这样，信息科学技术的基本内涵就应当包括：①信息的概念和理论；②信息的地位和

作用，包括信息资源与物质资源的关系以及信息资源与人类社会的关系；③信息运动的基本规律与原理，包括获得信息、传递信息、处理信息、提炼知识、制定策略、生成行为、解决问题、实现目的的规律和原理；④利用上述规律构造认识世界和改造世界所需要的各种信息工具的原理和方法；⑤信息科学技术特有的方法论。

鉴于信息科学技术在人类认识世界和改造世界活动中所扮演的主导角色，同时鉴于信息资源在人类认识世界和改造世界活动中所处的基础地位，信息科学技术在整个科学技术体系中显然应当处于主导与基础双重地位。信息科学技术与物质科学技术的关系，可以表现为信息科学工具与物质科学工具之间的关系：一方面，信息科学工具与物质科学工具同样都是人类认识世界和改造世界的基本工具；另一方面，信息科学工具又驾驭物质科学工具。

参照信息科学技术的基本内涵，信息科学技术基础教育的内容可以归纳为：①信息的基本概念；②信息的基本作用；③信息运动规律的基本概念和可能的实现方法；④构造各种简单信息工具的可能方法；⑤信息工具在日常活动中的典型应用。

（三）

与信息科学技术基础教育内容同样重要甚至更为重要的问题是要研究：怎样才能使中小学生真正喜爱并能够掌握基础信息科学技术？其实，这就是如何认识和实践信息科学技术基础教育的基本规律的问题。

信息科学技术基础教育的基本规律有很丰富的内容，其中的两个重要问题：一是如何理解中小学生的一般认知规律，二是如何理解信息科学技术知识特有的认知规律和相应能力的形成规律。

在人类（包括中小学生）一般的认知规律中，有两个普遍的共识：一是“兴趣决定取舍”，二是“方法决定成败”。前者表明，一个人如果对某种活动有了浓厚的兴趣和好奇心，他就会主动、积极地去探寻奥秘；如果对活动没有兴趣，他就会放弃或者消极应付。后者表明，即使有了浓厚的兴趣，但是如果方法不恰当，最终也会导致失败。所以，为了成功地培育人才，激发浓厚的兴趣和启示良好的方法都非常重要。

小学教育处于由学前的非正规、非系统教育转为正规的系统教育的阶段，原则上属于启蒙教育。在这个阶段，调动兴趣和激发好奇心更加重要。中学教育的基本要求同样是要不断调动学生的学习兴趣和激发他们的好奇心，但是这一阶段越来越重要的任务是要培养他们的科学思维方法。

与物质科学技术学科相比，信息科学技术学科的特点是比较抽象、比较新颖。因此，信息科学技术的基础教育还要特别重视人类认识活动的另一个重要规律：人们的认识过程通常是由个别上升到一般，由直观上升到抽象，由简单上升到复杂。所以，从个别的、简单的、直观的学习内容开始，经过量变到质变的飞跃和升华，才能掌握一般的、抽象的、复杂的学习内容。其中，亲身实践是实现由直观到抽象过程的良好途径。

综合以上几方面的认识规律，小学的教育应当从个别的、简单的、直观的、实际的、有趣的学习内容开始，循序渐进，由此及彼，由表及里，由浅入深，边做边学，由低年级到高年级，由小学到中学，由初中到高中，逐步向一般的、抽象的、复杂的学习内容过渡。

（四）

我们欣喜地看到，在信息化需求的推动下，信息科学技术的基础教育已在我国众多的中小学校试行多年。感谢全国各中小学校的领导和教师的重视，特别感谢广大一线教师们坚持不懈的努力，克服了各种困难，展开了积极的探索，使我国信息科学技术的基础教育在摸索中不断前进，取得了不少可喜的成绩。

由于信息科学技术本身还在迅速发展，人们对它的认识还在不断深化。由于"重书本""重灌输"等传统教育思想和教学方法的影响，学生学习的主动性、积极性尚未得到充分发挥，加上部分学校的教学师资、教学设施和条件也还不够充足，教学效果尚不能令人满意。总之，我国信息科学技术基础教育存在不少问题，亟须研究和解决。

针对这种情况，在教育部基础司的领导下，我国从事信息科学技术基础教育与研究的广大教育工作者正在积极探索解决这些问题的有效途径。与此同时，北京、上海、广东、浙江等省市的部分教师也在自下而上地联合起来，共同交流和梳理信息科学技术基础教育的知识体系与知识要点，编写新的教材。所有这些努力，都取得了积极的进展。

"青少年科技创新丛书"是这些努力的一个组成部分，也是这些努力的一个代表性成果。丛书的作者们是一批来自国内外大中学校的教师和教育产品创作者，他们怀着"让学生获得最好教育"的美好理想，本着"实践出兴趣，实践出真知，实践出才干"的清晰信念，利用国内外最新的信息科技资源和工具，精心编撰了这套重在培养学生动手能力与创新技能的丛书，希望为我国信息科学技术基础教育提供适合的教材和参考书，同时也为学生的科技活动提供可用的资源、工具和方法，以期激励学生学习信息科学技术的兴趣，启发他们创新的灵感。这套丛书突出体现了让学生动手和"做中学"的教学特点，而且大部分内容都是作者们所在学校开发的课程，经过了教学实践的检验，具有良好的效果。其中，也有引进的国外优秀课程，可以让学生直接接触世界先进的教育资源。

笔者看到，这套丛书给我国信息科学技术基础教育吹进了一股清风，开创了新的思路和风格。但愿这套丛书的出版成为一个号角，希望在它的鼓动下，有更多的志士仁人关注我国的信息科学技术基础教育的改革，提供更多优秀的作品和教学参考书，开创百花齐放、异彩纷呈的局面，为提高我国的信息科学技术基础教育水平做出更多、更好的贡献。

钟义信

丛书序

探索的动力来自对所学内容的兴趣，这是古今中外之共识。正如爱因斯坦所说："一只贪婪的狮子，如果被人们强迫不断进食，也会失去对食物贪婪的本性。"学习本应源于天性，而不是强迫地灌输。但是，当我们环顾目前教育的现状，却深感沮丧与悲哀：学生太累，压力太大，以至于使他们失去了对周围探索的兴趣。在很多学生的眼中，已经看不到对学习的渴望，他们无法享受学习带来的乐趣。

在传统的教育方式下，通常由教师设计各种实验让学生进行验证，这种方式与科学发现的过程相违背。那种从概念、公式、定理以及脱离实际的抽象符号中学习的过程，极易导致学生机械地记忆科学知识，不利于培养学生的科学兴趣、科学精神、科学技能，以及运用科学知识解决实际问题的能力，不能满足学生自身发展的需要和社会发展对创新人才的需求。

美国教育家杜威指出：成年人的认识成果是儿童学习的终点。儿童学习的起点是经验，"学与做相结合的教育将会取代传授他人学问的被动的教育"。如何开发学生潜在的创造力，使他们对世界充满好奇心，充满探索的愿望，是每一位教师都应该思考的问题，也是教育可以获得成功的关键。令人感到欣慰的是，新技术的发展使这一切成为可能。如今，我们正处在科技日新月异的时代，新产品、新技术不仅改变了我们的生活，而且让我们的视野与前人迥然不同。我们可以有更多的途径接触新的信息、新的材料，同时在工作中也易于获得新的工具和方法，这正是当今时代有别于其他时代的特征。

当今时代，学生获得新知识的来源已经不再局限于书本，他们每天面对大量的信息，这些信息可以来自网络，也可以来自生活的各个方面——手机、iPad、智能玩具等。新材料、新工具和新技术已经渗透到学生的生活中，这也为教育提供了新的机遇与挑战。

将新的材料、工具和方法介绍给学生，不仅可以改变传统的教育内容与教育方式，而且将为学生提供一个实现创新梦想的舞台，教师在教学中可以更好地观察和了解学生的爱好、个性特点，更好地引导他们，更深入地挖掘他们的潜力，使他们具有更为广阔的视野、能力和责任。

本套丛书的作者大多是来自著名大学、著名中学的教师和教育产品的科研人员，他们在多年的实践中积累了丰富的经验，并在教学中形成了相关的课程，共同的理想让我们走到了一起，"让学生获得最好的教育"是我们共同的愿望。

本套丛书可以作为各校选修课程或必修课程的教材，同时也希望借此为学生提供一些科技创新的材料、工具和方法，让学生通过本套丛书获得对科技的兴趣，产生创新与发明的动力。

丛书编委会

2021年10月8日

前　言

童芯派(CyberPi)主控是一款针对人工智能编程教学设计的新一代可联网微型计算机,它专为 AIoT 与 Python 教学而设计,童芯派主控板自带众多强大配置,主控板上集合了光线传感器、陀螺仪加速度计、Wi-Fi、蓝牙 ESP32,采用全彩显示屏并配备了麦克风、扬声器、RGB 灯带,用 Type-C 数据接口供电及数据传输。它将这些配置封装在小巧轻便的机身中,再一次提高了微型计算机的性能和易用性。配套慧编程软件,可从入门到精通实践 AIoT 应用,并把好玩有趣的 Python 编程带给学习者。无论是创新科技应用还是编程普及,童芯派都能完美适配"趣"学习。

本书共分为 3 部分 28 课,第 1 部分为神奇百宝箱,主要介绍童芯派主控板自带的程序运行效果,通过程序的运行体验录音功能、音量柱带来的身边科技。第 2 部分为历险童芯世界,通过交互的图形化程序感受手势识别、翻译、朗读、语音识别、图像识别、人脸识别等人工智能新科技。第 3 部分为勇闯代码岛,使用全新的慧编程 Python 编辑器,实现 Python 及 MicroPython 编程,让人工智能、数据科学教学先人一步,降低了 Python 编程创作的门槛。

配合多款不同的扩展板、蓝色金属结构件、mBuild 电子模块和强大的慧编程软件,童芯派系列产品可以覆盖大班教学、社团教学、线上线下教培等多种教学场景,涵盖编程、创客、机器人等多个教学内容,满足人工智能、物联网、数据科学、UI 设计等多样化的教学需求。

通过童芯派和慧编程的结合,能够激发学习者的无限科学想象,通过丰富的课程,让学习者发现人工智能和 AIoT 的魅力,在一个个的项目创作中,提高信息素养和实践创新能力,为适应未来的人工智能社会奠定良好的基础。

编　者

2021 年 7 月

目录

第1部分　神奇百宝箱

第1课　认识童芯派……3

1.1　认识童芯派主控板……3
1.2　童芯派供电……4
1.3　童芯派外设……5

第2课　神奇录音机……6

2.1　进入系统(CyberOS)界面……6
2.2　进入“切换程序”界面……7
2.3　进入程序……7

第3课　光影音量柱……10

3.1　进入程序界面……10
3.2　语音测试……11

第4课　数学小游戏……12

4.1　进入程序界面……12
4.2　测试程序……13

第5课　飞行小游戏……14

5.1　进入程序界面……14
5.2　测试程序……15

第2部分　历险童芯世界

第6课　进入童芯世界——芝麻开门……19

6.1　初识手势识别……20

6.2 手势识别报结果 …… 20
6.3 手势识别打开门 …… 21
6.4 语音提示更完美 …… 22

第 7 课 变身小鸟飞起来——左右闪躲 …… 23

7.1 自由飞翔的小鸟 …… 24
7.2 童芯派关联无人机 …… 24
7.3 倾斜控制无人机 …… 25

第 8 课 着落“炫彩”岛——动感舞会 …… 27

8.1 录制声音并播放 …… 28
8.2 五彩灯光亮起来 …… 28
8.3 炫彩灯光任拼搭 …… 29

第 9 课 沉船里的宝藏 …… 31

9.1 制定挑战规则 …… 32
9.2 定义题目小考官 …… 33

第 10 课 沟通无障碍 …… 35

10.1 无线网络连起来 …… 35
10.2 中英文超强翻译 …… 36

第 11 课 变幻莫测的天气 …… 39

11.1 启动天气小助手 …… 39
11.2 即时天气及时报 …… 40
11.3 穿衣戴帽早知道 …… 41

第 12 课 智能学习机 …… 43

12.1 强大的字库 …… 44
12.2 学习模式 …… 44
12.3 读音检测 …… 46
12.4 书写检测 …… 47
12.5 结果反馈更多样 …… 48

第 13 课 魔法培训师 …… 50

13.1 训练模型 …… 50
13.2 检验模型 …… 53
13.3 使用模型 …… 54

第 14 课　温馨的小窝 …… 55

14.1　根据光线亮灯 …… 55
14.2　判断光线强度 …… 56
14.3　收到广播换背景 …… 56
14.4　收到广播开关灯 …… 57

第 15 课　勇闯迷宫找食物 …… 59

15.1　准备食物 …… 59
15.2　摇杆助我闯迷宫 …… 60
15.3　收到广播做移动 …… 61

第 16 课　我是健身小达人 …… 63

16.1　加入网络好通信 …… 63
16.2　发送广播做准备 …… 64
16.3　计时开始来比赛 …… 65
16.4　广播改名好区分 …… 66
16.5　接收结果判输赢 …… 66

第 17 课　免接触式电梯 …… 68

17.1　人脸识别电梯门 …… 69
17.2　询问关门保安全 …… 70
17.3　询问楼层送乘客 …… 70
17.4　安全送达责任大 …… 71

第 18 课　我们的悄悄话 …… 73

18.1　在家无聊的果果 …… 74
18.2　童芯联网好通信 …… 74
18.3　发送语音文字 …… 75
18.4　小童联网收信息 …… 75
18.5　查看消息真有趣 …… 76

第 19 课　我是小画家 …… 78

19.1　海龟画图初体验 …… 78
19.2　设置颜色好作画 …… 79
19.3　美丽图案巧展现 …… 79

第 20 课　自助点餐真方便 ······ 81

20.1　欢迎光临请点餐 ······ 82
20.2　巧用变量做账单 ······ 82
20.3　选择食物做记录 ······ 83
20.4　结束点餐享美食 ······ 84

第 21 课　保护眼睛勤测试 ······ 86

21.1　询问是否测试视力 ······ 87
21.2　建立变量做准备 ······ 87
21.3　测试开始显示“E” ······ 88
21.4　拨动摇杆做回答 ······ 90
21.5　根据结果判视力 ······ 90

第 3 部分　勇闯代码岛

第 22 课　童芯里的 Python ······ 95

第 23 课　CyberPi 是什么“派” ······ 101

第 24 课　爱唱歌的小星星 ······ 105

第 25 课　变化的光影 ······ 109

第 26 课　设计生成二维码 ······ 113

第 27 课　猜数字小游戏 ······ 116

27.1　介绍游戏规则 ······ 116
27.2　让学生试着画出流程图 ······ 117
27.3　多条件选择结构 ······ 117
27.4　random 库 ······ 118
27.5　break 函数 ······ 118

第 28 课　好饿的小蛇 ······ 120

第 1 部分

神奇百宝箱

第1课　认识童芯派

你好，我叫果果，很高兴认识你，请问你是谁啊？叫什么名字啊？

果果你好，我是童芯派，你可以叫我小童，别看我个头小，我的本领可大着呢！

亲爱的大朋友小朋友们，欢迎来到童芯派，今天我带大家认识一下童芯派。

1.1　认识童芯派主控板

我们先来认识认识一下童芯派的主控板，看看它都有哪些元器件，了解一下各部分的名称吧！

认一认

童芯派主控是一款针对人工智能编程教学设计的新一代可联网微型计算机，其结构紧凑、功能强大，是进行人工智能科普教学、编程进阶学习的利器。童芯派主控板上集合了光线传感器、陀螺仪加速度计、Wi-Fi、蓝牙 ESP32，采用全彩显示屏并配备了麦克风、扬声器、RGB 灯带，用 Type-C 数据接口供电及数据传输，如图 1-1 所示。

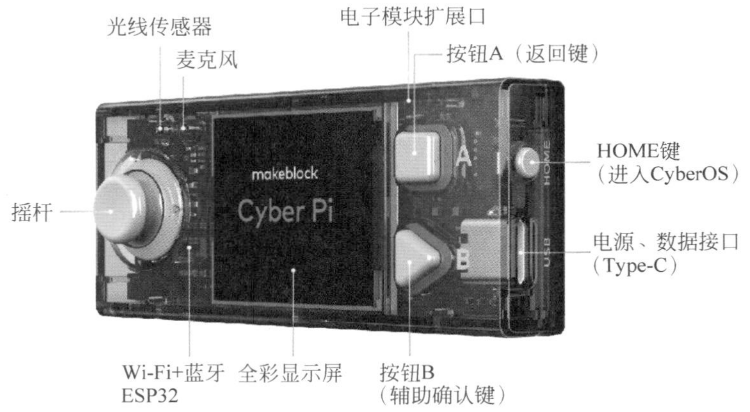

图 1-1 **童芯派主控板以及各部分名称与功能**

1.2 童芯派供电

童芯派自带 1 个 USB(Type-C) 接口，用于供电和与计算机设备进行通信。

使用 USB(Type-C)数据线给童芯派供电，如图 1-2 所示。

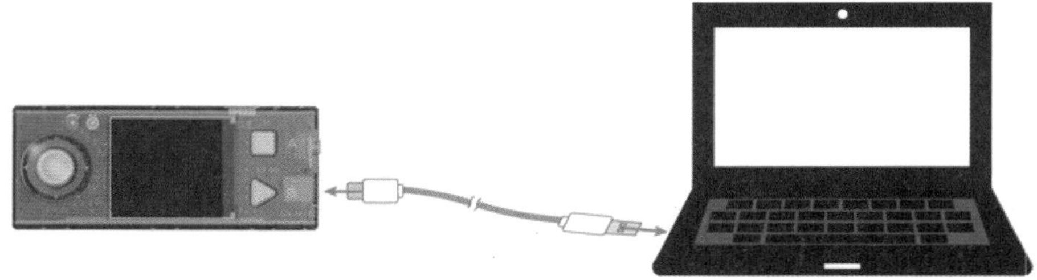

图 1-2 **童芯派连接电源**

1.3　童芯派外设

童芯派的背面有 1 个扩展板接口，可快速、简单地连接扩展板，如图 1-3 所示。

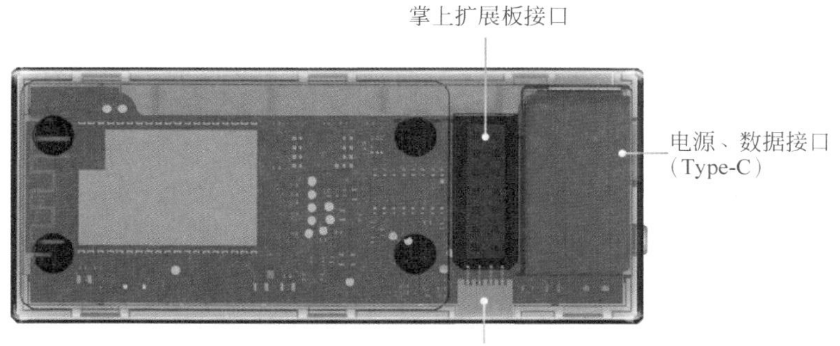

图 1-3　**童芯派背面各部分名称**

童芯派可以连接扩展板和其他的电子模块，显著提高了主控板的扩展性。

认一认

通过扩展板接口，童芯派能够简单、快速地连接扩展板。目前童芯派可用的扩展板有掌上扩展板，掌上扩展板可为童芯派供电且为其提供了 2pin 和 3pin 接口，使其能够连接舵机、灯带、电机等，显著地提高了童芯派主控的扩展性。

小贴士

配合多款不同的扩展板、蓝色金属结构件、mBuild 电子模块和强大的慧编程软件，童芯派系列产品可以覆盖大班教学、社团教学、线上线下教育培训等多种教学场景，涵盖编程、创客、机器人等多个教学内容，满足人工智能、物联网、数据科学、UI 设计等多样化的教学需求。

第 2 课　神奇录音机

童芯派支持多个程序的存储和切换，且出厂时自带了若干演示程序，方便我们了解产品的主要功能。接下来我们就先了解一下吧！

2.1　进入系统（CyberOS）界面

童芯派搭载 CyberOS 系统，在开机后通常会显示系统界面，如图 2-1 所示。

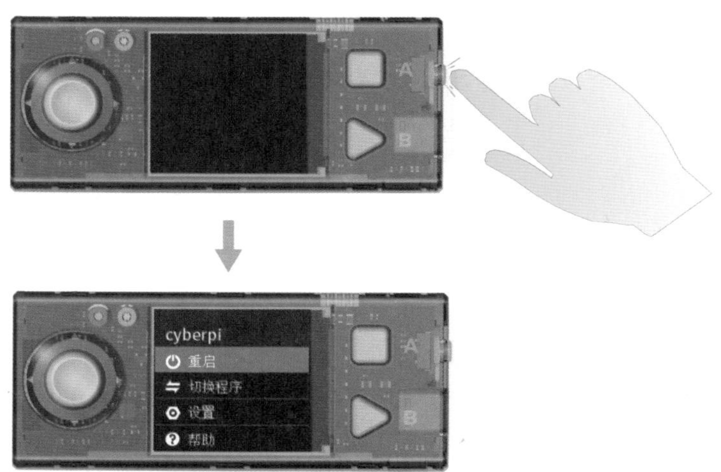

图 2-1　系统（CyberOS）界面

使用 USB 数据线给童芯派供电，在开机后通常会显示系统界面。若童芯派未正常进入到系统界面，可以通过按产品右侧的 HOME 键进入系统界面。

2.2　进入“切换程序”界面

进入系统界面，上下摇杆选择“切换程序”，按下按钮 B 以进入“切换程序”界面，如图 2-2 所示。

图 2-2　**切换程序界面**

2.3　进 入 程 序

体验内置程序——神奇的录音机。

(1) 按下按钮 B 执行程序 1——神奇的录音机，如图 2-3 所示。

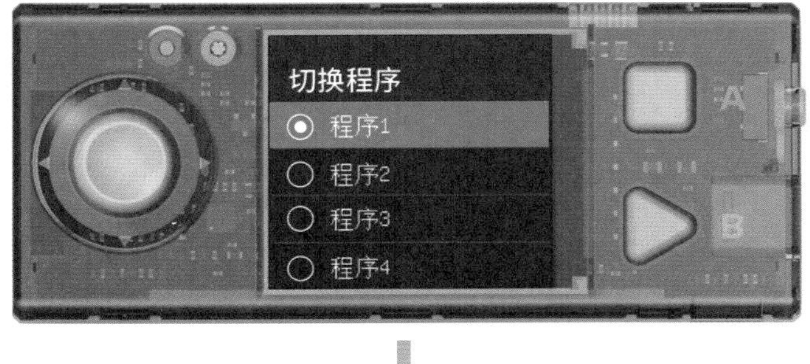

图 2-3　**神奇的录音机开始界面**

图 2-3(续)

(2) 按摇杆中间的按钮开始录音。小朋友们就可以开始演唱了！

(3) 表演完成后，按正方形的 A 按钮结束录音，如图 2-4 所示。

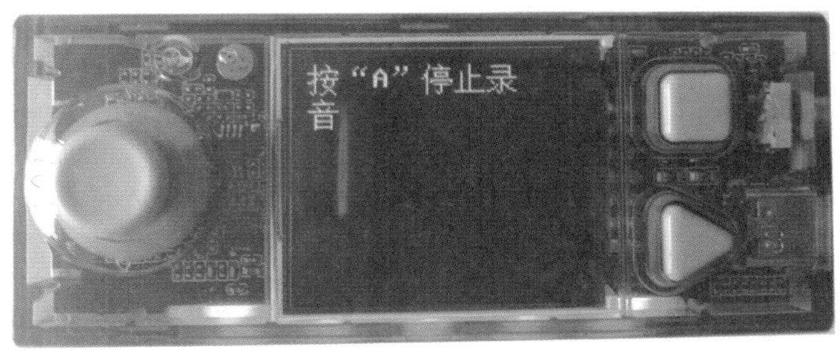

图 2-4 录音界面

(4) 想不想听一听自己优美的声音？按 B 按钮试一试吧(见图 2-5)。

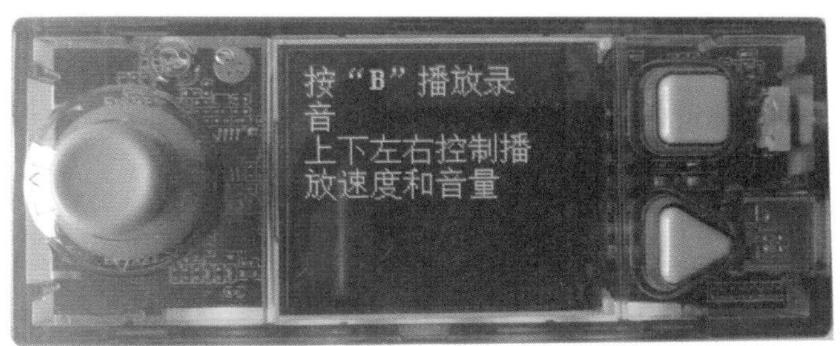

图 2-5 播放录音界面

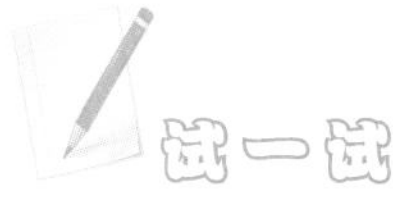

试一试

声音太小怎么办？

把圆形的摇杆左右晃动一下试试吧。

上下晃动摇杆会有惊喜发现哦！如图 2-6 所示。

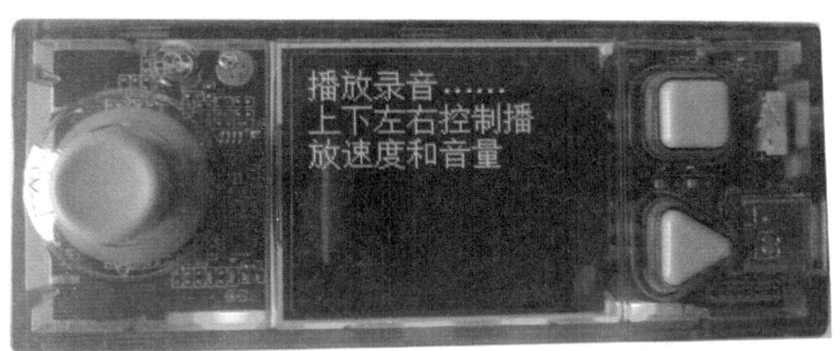

图 2-6　控制音量和速度界面

小贴士

在系统界面中，摇杆和按钮（见图 2-7）的功能如下。

- 摇杆向上：向上选择。
- 摇杆向下：向下选择。
- 摇杆向左：向左选择。
- 摇杆向右：向右选择。
- 摇杆向中：确认选择，如有下一级菜单则进入。
- 按钮 A：返回上一级菜单。
- 按钮 B：确认选择，如有下一级菜单则进入。

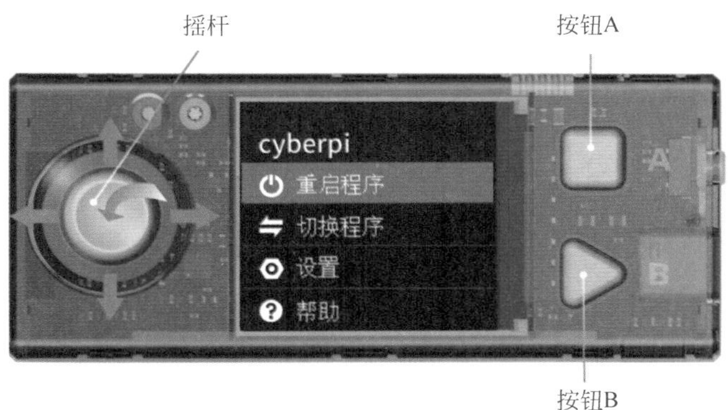

图 2-7　摇杆与按钮位置示意图

第 3 课　光影音量柱

录音机的功能实在是太好玩了，赶紧再介绍一下其他的功能吧！我都等不及要看了。

今天我给你展示一下我光影音量柱的功能吧，相信你一定会喜欢的！

童芯派内置了声音传感器，可以检测外部声音的大小，中间的显示屏可以显示彩色的图案，我们通过光影音量柱这个案例来体验一下它的功能吧！

3.1　进入程序界面

打开光影音量柱的内置程序。

做一做

为童芯派供电，按 HOME 键进入 CyberOS 系统。使用摇杆选择“切换程序”，按下按钮 B 进入“切换程序”界面。摇杆选择“程序 2”，按下按钮 B 重启童芯派，童芯派将重启并执行“程序 2”（见图 3-1）。

图 3-1　程序 2

3.2 语音测试

童芯派的屏幕上会显示程序的名称。

按 B 按钮启动光影音量柱程序，如图 3-2 所示。

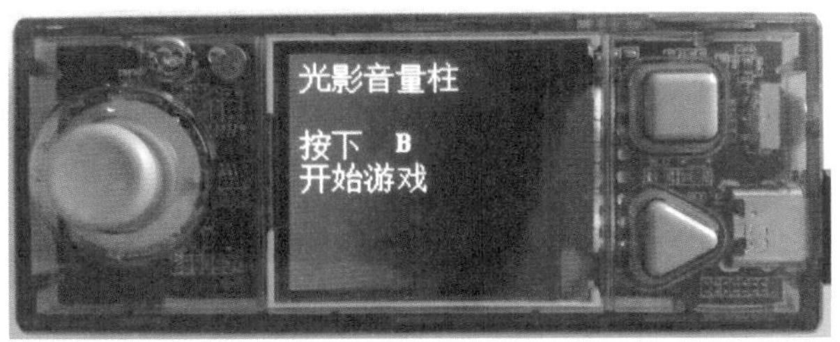

图 3-2 光影音量柱程序开始界面

你会发现一个炫彩的光影世界，屏幕中的音量柱会随我们声音的大小而变化，并且呈现出不同的颜色。侧面的 LED 灯也会随着声音的大小呈现出不同的亮度，声音越大 LED 灯越亮（见图 3-3），声音越小 LED 灯越暗（见图 3-4）。

图 3-3 声音大时童芯派屏幕界面

图 3-4 声音小时童芯派屏幕界面

第 4 课　数学小游戏

童芯派的屏幕除了能显示颜色还能显示文字，我们通过一个小游戏的程序体验一下吧！

4.1　进入程序界面

为童芯派供电，按 HOME 键进入 CyberOS 系统，切换程序进入程序 6 界面(见图 4-1)。

图 4-1　程序 6

童芯派屏幕如图 4-2 所示。

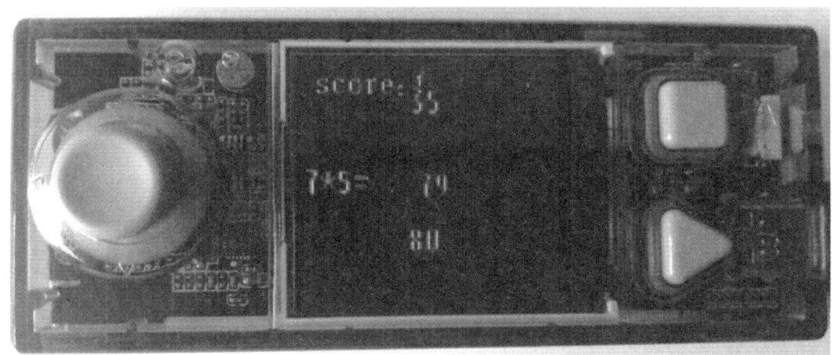

图 4-2　程序 6 开始界面

4.2　测试程序

进入游戏界面后屏幕上方会出现 score，用来记录我们的得分，左边中间位置会出现一个算式，屏幕随机的位置会出现几个不同的答案。

使用摇杆上下选择正确的答案，答对一题得一分，答错不得分（见图 4-3）。

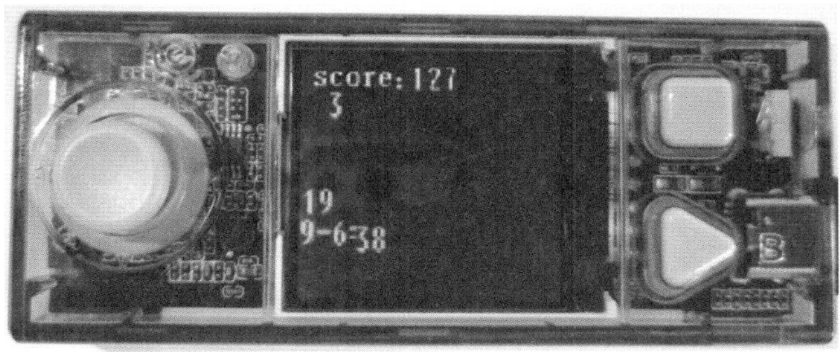

图 4-3　游戏运行中界面

这里有很多算式哦，如果你想测试一下自己的计算水平不妨来试一试，看看自己能得多少分吧！

第 5 课　飞行小游戏

童芯派的摇杆和按钮还可以配合起来玩游戏，类似于游戏手柄的功能，我们借助内置的飞机大战游戏来体验一下吧！

5.1　进入程序界面

为童芯派供电，按 HOME 键进入 CyberOS 系统。切换程序进入程序 7 界面，如图 5-1 所示。

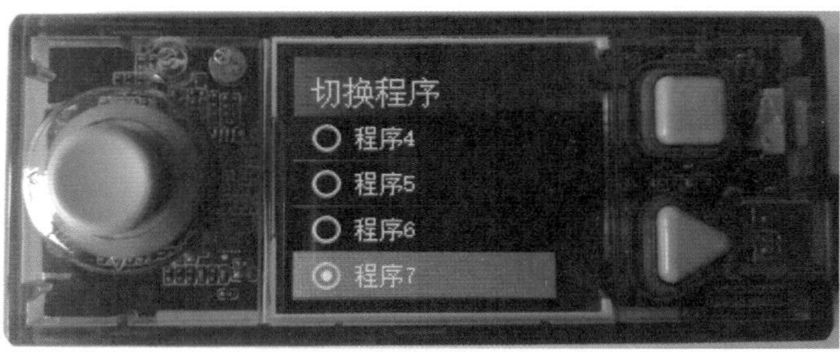

图 5-1　程序 7 界面

童芯派的屏幕上会出现游戏画面如图 5-2 所示。根据屏幕中的提示开始游戏。

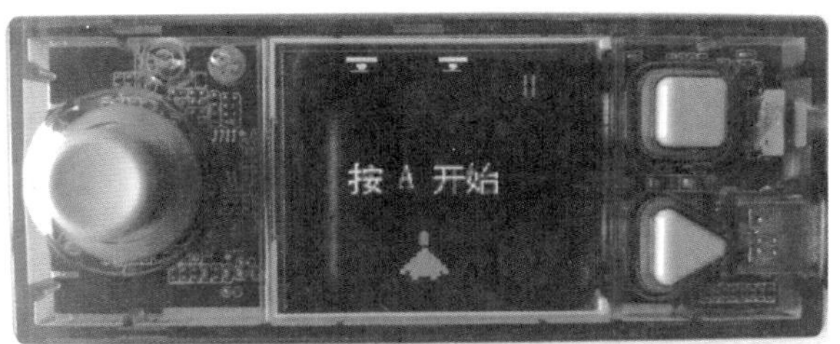

图 5-2　程序开始界面

5.2　测试程序

做一做

按 A 按钮开始游戏，使用摇杆改变飞机上下左右的位置以躲避导弹，按 A 按钮发射炮弹射击，如图 5-3 所示。

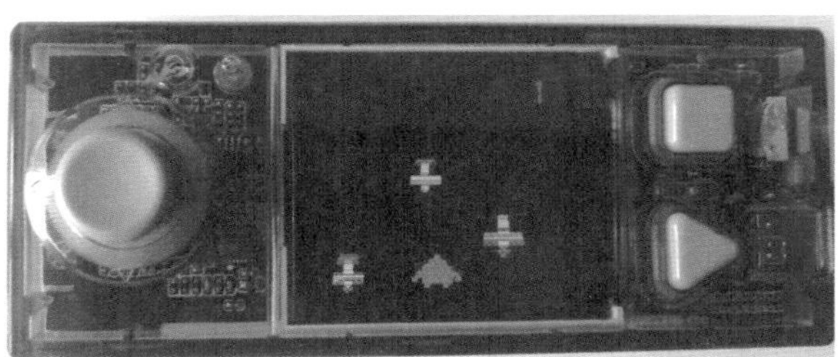

图 5-3　程序运行界面

小贴士

屏幕右上角是获得的分数，只要导弹碰到飞机游戏就会结束，出现 GAME OVER 的界面（见图 5-4），5 秒后重新进入游戏开始的界面。

图 5-4　游戏结束界面

快来试试谁的动作更迅速、谁的得分更高吧！

第 2 部分

历险童芯世界

第6课　进入童芯世界——芝麻开门

小童，我们小区的楼宇门最近安装了一个手势识别开门系统，就像“芝麻开门”一样，可方便了。

手势识别是人工智能的一部分。当系统经过机器学习后，就学会从各个角度识别我们的手势了，非常有趣！

当我们走到门口，把手伸到摄像头前，等待两秒钟门禁系统开始识别手势，并说出识别的结果。如果识别的结果为5就打开门，否则会提示你重新识别。

6.1 初识手势识别

手势识别系统经过多次机器学习能从各个角度识别常见的手势，它能识别我们伸出了几个手指，还能识别常见的各种比心手势……

这些手势都以图片的形式存储到系统中，我们只需要作出手势，就可以进行识别了。

将计算机连接摄像头，为角色添加手势识别功能。

选中角色后，单击模块区最下方的添加扩展按钮，选择角色扩展中的

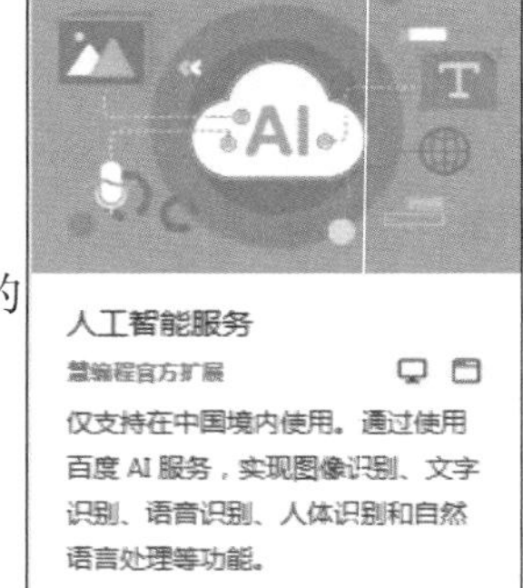

模块，此时，模块区出现了图中的 5 个模块

，“手势识别”在“人体识别”模块里。

6.2 手势识别报结果

当我们开始手势识别后，系统会自动打开摄像头，出现识别窗口，把手伸到摄像头有效拍摄范围内即可识别手势，如图 6-1 所示。

伸出拳头，用语音报出识别结果（见图 6-2）。

图 6-1　手势识别程序

图 6-2　手势识别窗口

小贴士

(1) 我们可以使用语音交互模块中的积木进行语音播报，在播报前要调试好播报的语速。

(2) 识别窗口的背景尽量保持干净单一，避免杂物干扰。

(3) 识别窗口下方有麦克风选项，音响打开后一般用默认选项就可以。当开始报告识别结果时，下方的音波线会有波动。

6.3　手势识别打开门

为角色“门”导入开和关两个造型，当手势识别结果为 5 的时候开门。

做一做

为角色“门”搭建脚本，实现上述效果，如图 6-3 所示。

图 6-3　手势识别结果为 5 时开门

手势识别的结果随手势的不同而变化，有的是数字，有的是汉字。试试让手势识别的效果为拳头或单手比心能否打开门。

6.4 语音提示更完美

在设计脚本时，我们可以在不同的时间添加语音提示功能，以提示来访者何时伸出手做出正确手势，还能提示来访者的手势是否被正确识别。

为角色完善脚本，实现识别前提示来访者“请伸出你的一只手”做出正确的手势；识别正确后提示“识别正确，可以开门”；识别错误提示“识别错误，请再次尝试”的效果，如图 6-4 所示。

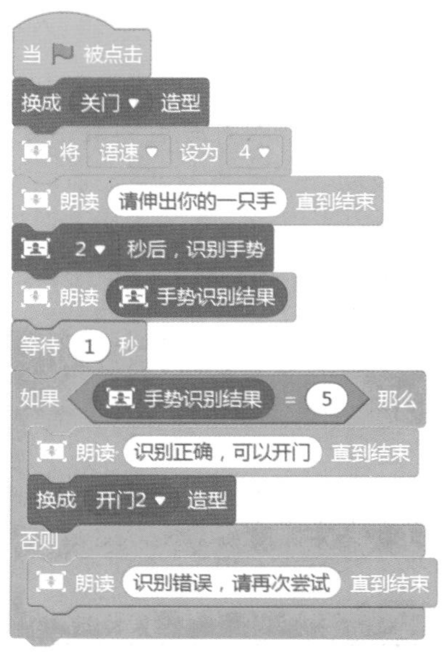

图 6-4 **语音提示识别结果**

试着添加一个循环结构，实现当识别错误后，可以重复识别 3 次的效果。

第7课　变身小鸟飞起来——左右闪躲

小童，我最喜欢玩那种重力滚球游戏，向不同的方向倾斜控制钢珠移动。

果果，我们用童芯派就可以设计这样的游戏呢！

小朋友们在公园草地上尽情地玩耍，小鸟在天空中快乐地飞翔。果果要用童芯派控制无人机向高空飞去，还要灵活地躲避这些鸟儿。

童芯派连接到计算机上，选择端口，连接设备。

7.1　自由飞翔的小鸟

小鸟们在高空中自由自在地飞翔，他们一会儿快速地飞到舞台左侧，一会儿又慢悠悠地飞到舞台右侧。

为两只小鸟角色搭建脚本（见图 7-1），实现向舞台左右两侧飞行的效果。

```
当 ⚑ 被点击
移到 x: -215 y: 82
重复执行
    将旋转方式设为 左右翻转 ▾
    在 3 秒内滑行到 x: 214 y: 72
    面向 -90 方向
    等待 0.2 秒
    在 在 1 和 3 之间取随机数 秒内滑行到 x: -215 y: 82
    面向 90 方向
    等待 0.2 秒
```

图 7-1　**小鸟在舞台两侧飞行程序**

7.2　童芯派关联无人机

当程序启动时，无人机在指定位置面向高空，准备起飞。我们需要在 体感 模块中找到 控制 Sam ▾ 跟随童芯派，灵敏度 低 (0.2) ▾ 积木。

（1）为无人机角色搭建脚本，实现在指定位置面向上的效果，如图 7-2 所示。

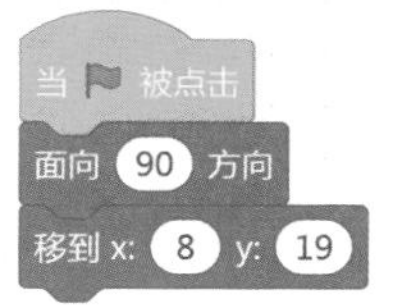

图 7-2　**指定无人机位置**

（2）为童芯派搭建脚本，实现用童芯派控制无人机的效果，如图 7-3 所示。

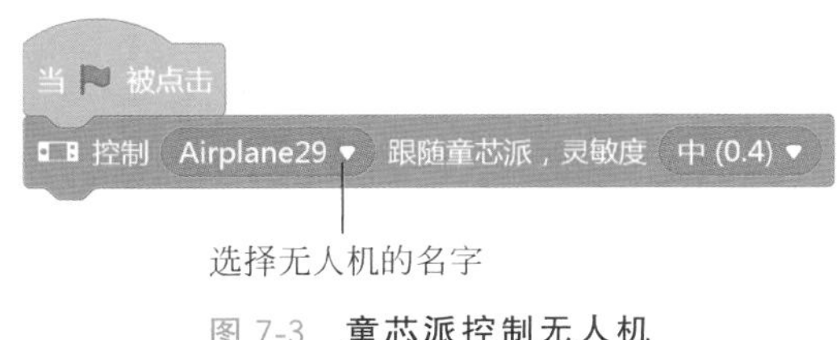

图 7-3　**童芯派控制无人机**

分别选择不同的灵敏度，调试童芯派的灵敏程度，选择合适的灵敏度。

7.3　倾斜控制无人机

每一个童芯派上都安装了陀螺仪，当我们倾斜童芯派时，它都会检测出倾斜的角度，我们可以利用它来控制无人机上、下、左、右移动。

（1）继续为童芯派搭建脚本，实现向上、下、左、右倾斜时，分别发送不同的广播给无人机的效果，如图 7-4 所示。

图 7-4　**童芯派向不同方向倾斜发送对应的广播**

（2）为无人机角色继续搭建脚本，实现接收到四个广播后分别向不同方向移动的效果，如图 7-5 所示。

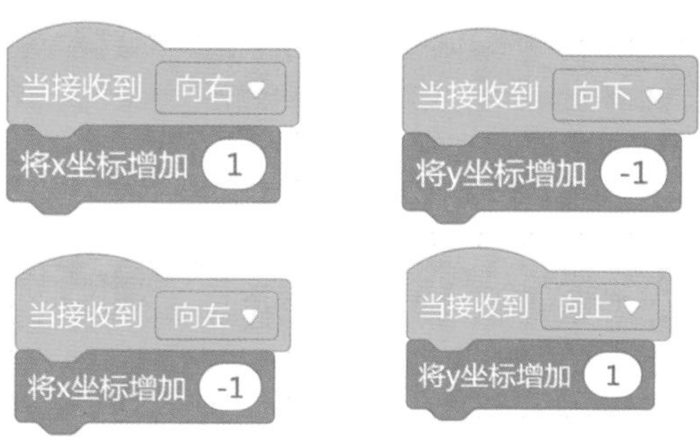

图 7-5 **无人机收到不同广播向不同方向移动**

陀螺仪是法国科学家在 1850 年研究地球自转中获得灵感而发明的。他将一个高速旋转的陀螺放到一个万向支架上，靠陀螺的方向来计算角速度，其简易图如图 7-6 所示。

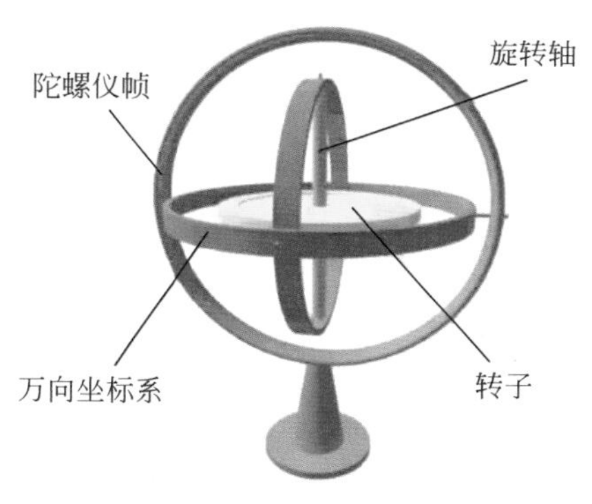

图 7-6 **陀螺仪**

中间金色的转子即陀螺，它因为惯性作用是不会受到影响的，周边的三个“钢圈”则会因为设备的改变姿态而跟着改变，通过这样来检测设备当前的状态，而这三个“钢圈”所在的 x 轴、y 轴、z 轴围成的立体空间联合检测设备的各种动作，陀螺仪的最主要作用在于可以测量角速度。

陀螺仪可以控制无人机向不同角度飞行，你能设计一个积分挑战游戏吗？你想添加哪些角色？你想设定什么样的比赛规则呢？快来一展身手吧！

第 8 课　着落“炫彩”岛——动感舞会

新的一年就要来到了，我们班要准备新年舞会。小童，你的 “百宝箱” 能为舞会提供服务吗?

那当然啦！我的 “百宝箱” 里不仅有炫酷的灯光，还能播放录制的动感音乐，甚至可以自己编曲呢！

舞会上，同学们尽情地唱歌跳舞。童芯派闪烁着各种颜色、亮度的灯光效果，并不时地播放录制的声音效果，为舞会烘托气氛。

为舞会添加各种跳舞的角色，并播放动感的舞曲。

8.1 录制声音并播放

童芯派具有录制声音的功能，当我们播放一段舞曲时，可以开启童芯派的录音功能后自动播放录制的声音。

单击 播放 模块，选择 开始录音 和 播放录音直到结束 积木录制播放声音。

做一做

为童芯派搭建脚本，实现录制并播放声音的效果，如图 8-1 所示。

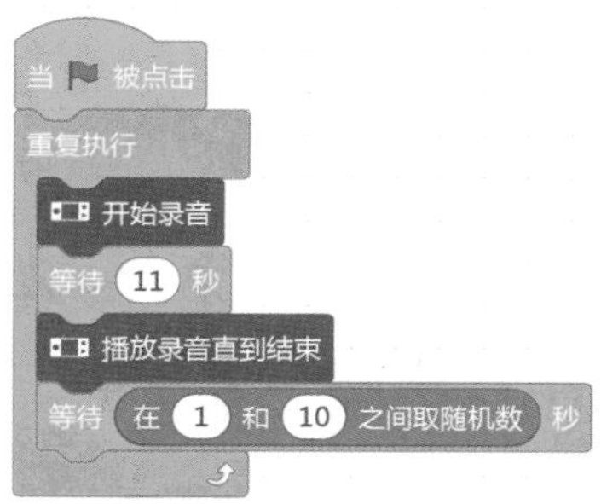

图 8-1 **童芯派录制并播放声音**

小贴士

童芯派只能录制时长不超过 10 秒的声音，当断电后录音文件就会丢失。

8.2 五彩灯光亮起来

当舞会开始时，童芯派的五彩灯光也纷纷亮起来了，有时发出强光，有时出现弱光，把整个舞会装扮的更加梦幻。

我们需要选择 灯光 模块中的 显示 积木设定五个灯光的不同颜色。

做一做

为童芯派继续搭建脚本，实现五个灯闪现不同颜色并且灯光强弱变化的效果。

小贴士

(1) LED 灯的亮度设置范围为 0～100%，亮度增减的设置范围 −100%～+100%，如图 8-2 所示。

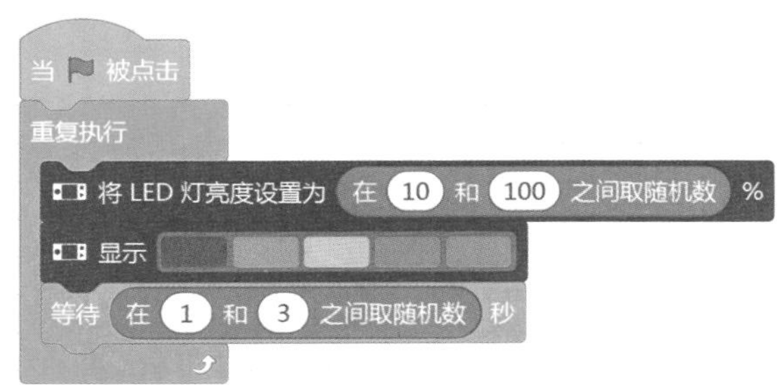

图 8-2　**童芯派 LED 灯闪现不同颜色且灯光强弱变化**

(2) 可以单击各 LED 灯的颜色更改其颜色,操作方法如图 8-3 所示。

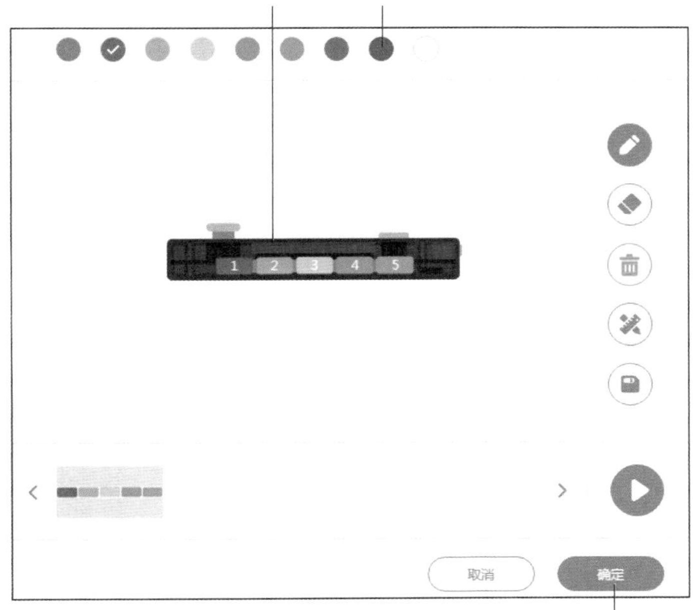

图 8-3　**设置童芯派单个 LED 灯的颜色**

8.3　炫彩灯光任拼搭

我们可以根据自己的喜好为晚会拼搭合适的灯光效果。

在五彩灯点亮之后,设置各种不重复的颜色以及不同饱和度和亮度让灯光更炫丽多

彩，如图 8-4 和图 8-5 所示。

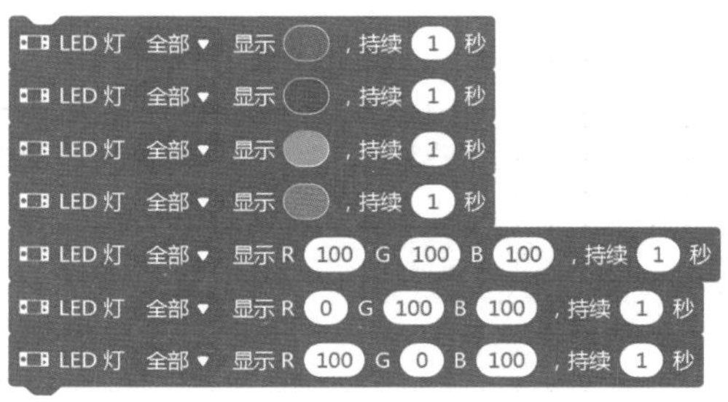

图 8-4　五彩 LED 灯

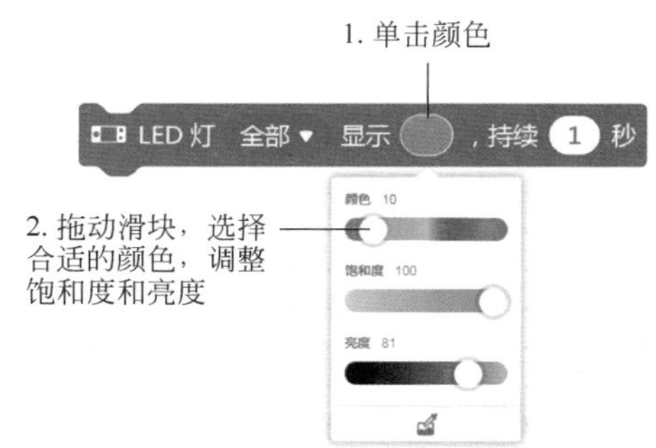

图 8-5　调节 LED 灯饱和度和亮度

在 LED 灯 全部 显示 R 100 G 100 B 100 ，持续 1 秒 中，红、绿和蓝色的色值范围都为 0～255。

灯光 模块中还有很多灯光效果，依次尝试一下，选择自己喜欢的灯光效果为舞会锦上添花吧！

第 9 课　沉船里的宝藏

小童，快看，显示屏上说让我们用按钮选择答案，全部答对就会出现宝藏哟！

那我们可要加油啦！一定拿到宝藏，乘船回家。

当程序启动时，显示屏出现游戏要求。摇杆中间被按下即开启挑战模式，开始答题。题目一共有三道，按下按钮 A 或 B 选择答案，全部答对宝箱自动出现；否则宝箱不会出现，挑战失败。

9.1 制定挑战规则

任何一款游戏都需要制定特定的规则，这既彰显了对所有玩家的公平公正原则，又激起了玩家的挑战兴趣。

（1）绿旗按钮被单击时，将变量“得分”设为 0，如图 9-1 所示。

图 9-1　设置变量得分为 0

（2）显示屏显示挑战规则后，LED 灯播放彩虹动画，如图 9-2 所示。

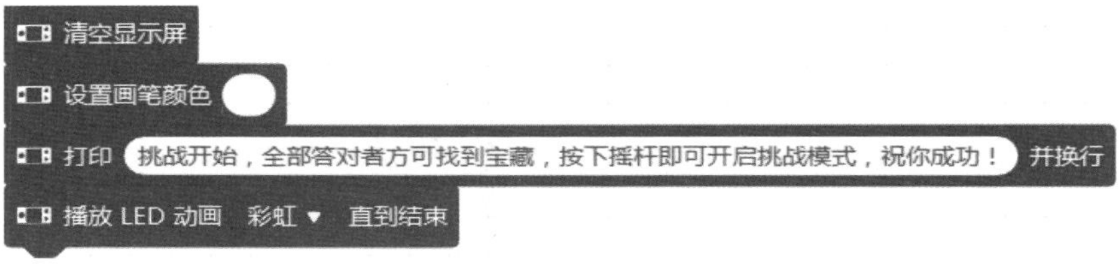

```
清空显示屏
设置画笔颜色
打印 挑战开始，全部答对者方可找到宝藏，按下摇杆即可开启挑战模式，祝你成功！ 并换行
播放 LED 动画 彩虹 直到结束
```

图 9-2　显示屏显示规则，LED 灯播放彩虹动画

（3）如果三道题都答对，得分等于 3，显示屏显示成功字样，发送宝藏现身的广播，否则显示屏显示未成功字样（见图 9-3）。

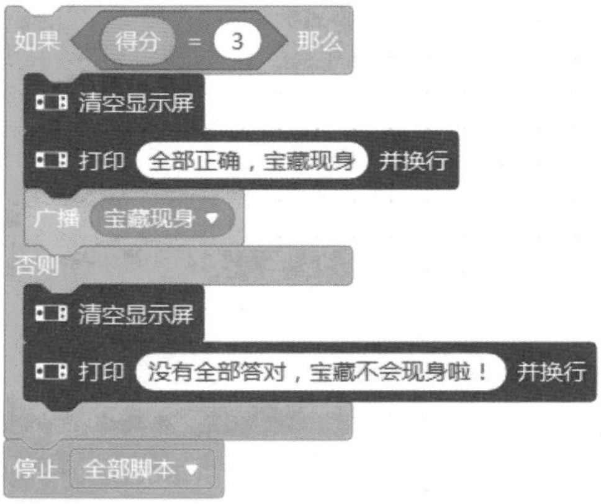

```
如果 得分 = 3 那么
    清空显示屏
    打印 全部正确，宝藏现身 并换行
    广播 宝藏现身
否则
    清空显示屏
    打印 没有全部答对，宝藏不会现身啦！ 并换行
停止 全部脚本
```

图 9-3　得分为 3 宝藏现身，否则提示没有全部答对

9.2　定义题目小考官

渊博的知识会决定你是否可以在规定时间内准确答对题目顺利拿到宝藏，借此机会检验自己的知识储备量吧！

（1）当摇杆中间被按下时，白色文字显示第一道挑战题目，如图 9-4 所示。

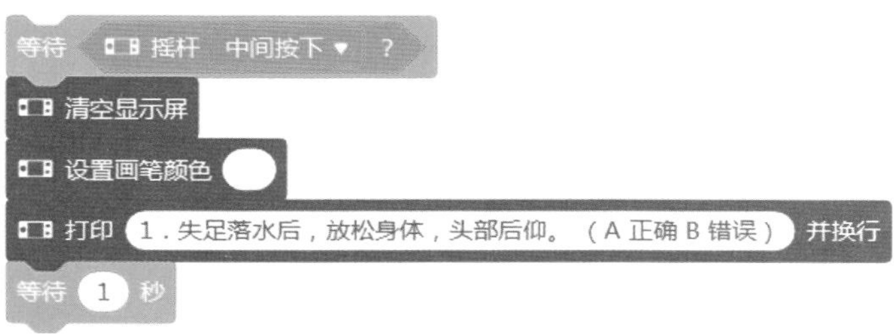

图 9-4　按下摇杆中键显示第一题

（2）如果 A 键被按下，绿色文字显示“恭喜，答对了”（见图 9-5），得分增加 1 分，LED 灯显示绿色，1 秒后熄灭。

（3）如果 B 键被按下，红色文字显示“很遗憾，答错了”，得分减 1 分（见图 9-6），LED 灯显示红色，1 秒后熄灭。

```
如果 按键 A 被按下？ 那么
    设置画笔颜色
    打印 恭喜，答对了
    LED 灯 全部 显示
    将 得分 增加 1
    等待 1 秒
    熄灭 LED 灯 全部
```

图 9-5　按下 A 键程序

图 9-6　按下 B 键程序

还有两道考题就交给小考官你啦！

小贴士

当程序特别长的时候，我们可以使用“自制积木”，将部分脚本进行封装、套用即可，如图 9-7 所示。

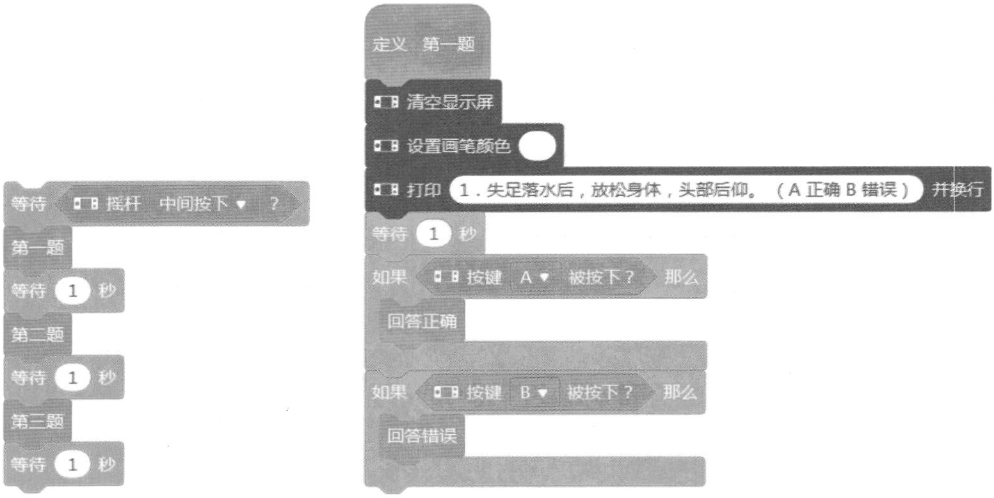

```
等待 <摇杆 中间按下 ?>
第一题
等待 1 秒
第二题
等待 1 秒
第三题
等待 1 秒
```

```
定义 第一题
清空显示屏
设置画笔颜色
打印 1．失足落水后，放松身体，头部后仰。（A 正确 B 错误） 并换行
等待 1 秒
如果 <按键 A 被按下?> 那么
    回答正确
如果 <按键 B 被按下?> 那么
    回答错误
```

图 9-7 **自制积木的用法**

挑战自我

挑战者究竟答对几题，答题结束后可否显示在显示屏上，让大家一目了然呢？

第10课　沟通无障碍

小童，我的外国朋友 Harry 假期来中国看我，由于对汉语不熟悉，连去超市买个日常用品都费劲儿，真替他着急啊！

我们可以为他制作一个迷你版的“随身翻译官”，中文与英文、法文、德文……随意切换，让沟通瞬间无障碍。

当童芯派启动时，开始连接无线网络，连接成功后会有文字和灯光提示。按下按钮A，翻译官会先将你所说的中文语音识别成汉字，再翻译成意思相同的英文显示出来；按下按钮B，正好相反，会将英文转换成中文。

10.1　无线网络连起来

网络状态下会让翻译官识别的语音及翻译的内容更精确。

（1）当童芯派启动时，自动连接你所在的无线网络，且显示文字提醒用户，如图10-1所示。

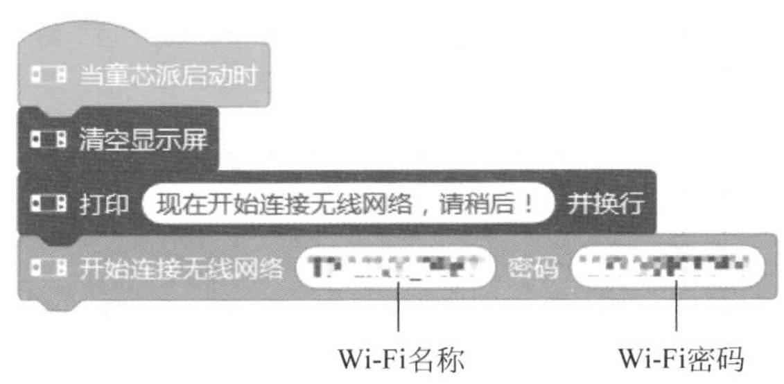

图 10-1 **童芯派设置无线网连接**

(2) 等待网络连接成功后，文字提示“网络已连接”(见图 10-2)。

(3) 文字显示使用方法，点亮 LED 灯，如图 10-3 所示。

图 10-2 **网络连接成功后提示“网络已连接”**

图 10-3 **文字显示使用方法**

10.2 中英文超强翻译

童芯派内置麦克风辨识使用者说话的语言及内容，通过语音识别积木转换为文字，然后通过网络平台进行文字对文字的翻译，将原始语言转化为目标语言。

(1) 当按键 A 被按下时，LED 灯显示绿色，语音识别普通话，3 秒过后 LED 灯熄灭，如图 10-4 所示。

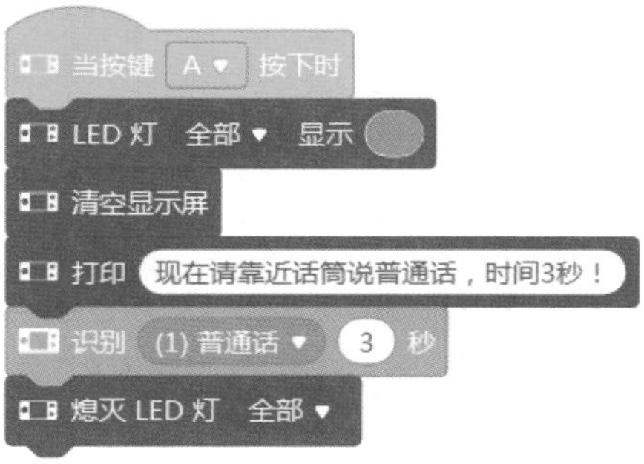

当按键 A 按下时
LED 灯 全部 显示
清空显示屏
打印 现在请靠近话筒说普通话，时间3秒！
识别 (1) 普通话 3 秒
熄灭 LED 灯 全部

图 10-4 **按下 A 键语音识别**

（2）使用语音识别积木，将语音识别的结果用文字显示出来，如图 10-5 所示。

图 10-5　**显示语音识别结果**

（3）新建变量，命名为“译文”，将其设为“语音识别结果翻译为英文”，文字显示后通过朗读积木播放翻译内容，如图 10-6 所示。

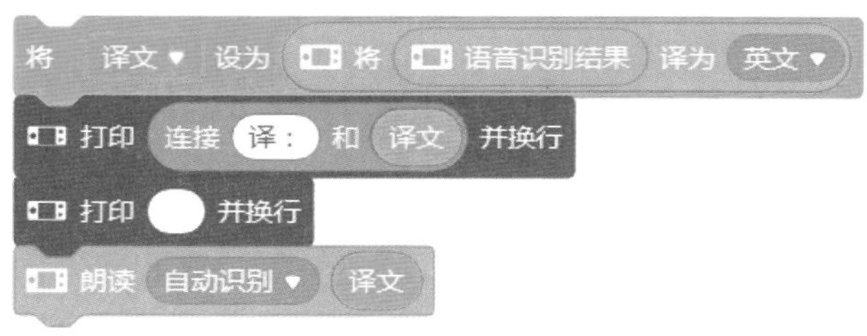

图 10-6　**翻译语音识别结果并朗读翻译内容**

（4）当按键 B 被按下时，实现英文翻译成中文的效果，如图 10-7 所示。

图 10-7　**按键 B 被按下，英文翻译成中文**

除了可以识别普通话和英文外，还可以识别哪种语言，体验一下识别的效果。

通过摇杆翻译多种语言，你能实现其他功能让它更智能化吗？

第 11 课　变幻莫测的天气

小童，最近这天气变幻莫测，时冷时热，每天都不知道穿什么衣服出行才合适！

我们可以用童芯派做一个天气小助手，让他每天在我们出门前播报天气，且根据天气的变化给出合理的穿衣、出行建议。

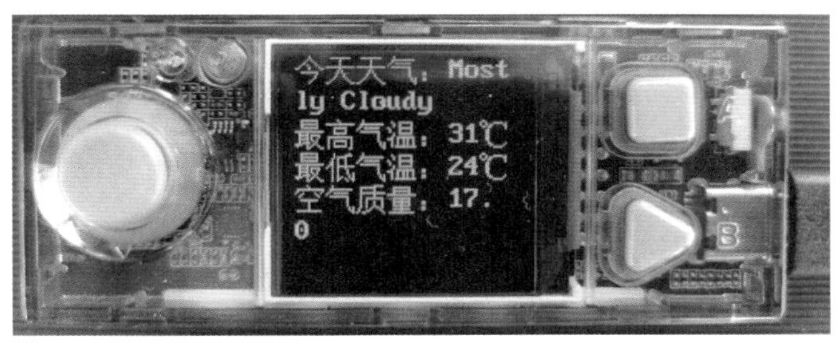

当童芯派启动时开始连接无线网络，连接成功后会有文字、声音和灯光多种提示。A键启动天气小助手后，小助手会将当天的天气情况、最高温度、最低温度、空气质量等信息通过文字显示和语音播报双重展示给用户，且会根据最高温度和空气质量数值建议使用者穿衣和出行情况，特别温馨。

11.1　启动天气小助手

天气总是处在不断变化、发展的过程中，想要实时了解当下的天气情况就需要为天气小助手连接上网络。

当童芯派启动时，开始连接无线网络，连接成功后，会有文字、声音、灯光的提示，如图 11-1 所示。

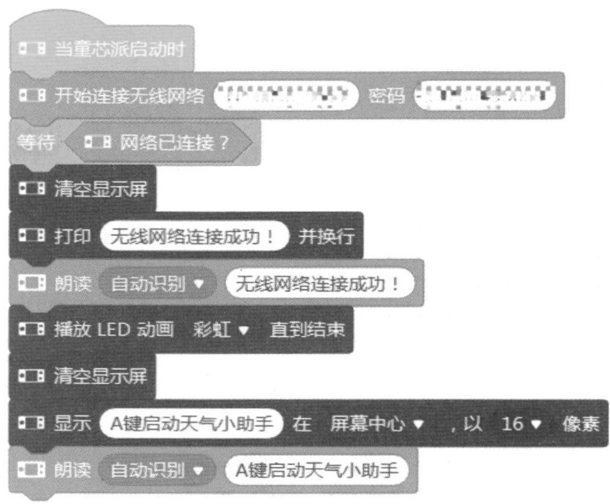

图 11-1　童芯派连接无线网并在连接成功后提示

11.2　即时天气及时报

天气信息包含很多，如最高气温、最低气温、日出日落时间、空气质量等。输入你所在的城市，选择你所需的天气信息。

(1) 在物联网模块中找到 地区 最高气温(℃) 积木，单击“地区”，输入你所在城市的拼音。如山东威海，只需要在输入框输入 weihai，下方随即会出现 Weihai，Shandong，CN 选项，单击“确定”按钮即可，如图 11-2 所示。

图 11-2　城市选择对话框

(2) 当 A 键被按下时，文字显示所在城市当天的天气、最高气温、最低气温信息，且语音播报出来，如图 11-3 所示。

当按键 A ▾ 按下时
清空显示屏
打印 连接 今天天气： 和 Weihai, Shandong, CN 天气 ▾ 并换行
朗读 自动识别 ▾ 连接 今天天气： 和 Weihai, Shandong, CN 天气 ▾
打印 连接 最高气温： 和 连接 Weihai, Shandong, CN 最高气温 (℃) ▾ 和 ℃ 并换行
朗读 自动识别 ▾ 连接 最高气温： 和 连接 Weihai, Shandong, CN 最高气温 (℃) ▾ 和 摄氏度
打印 连接 最低气温： 和 连接 Weihai, Shandong, CN 最低气温 (℃) ▾ 和 ℃ 并换行
朗读 自动识别 ▾ 连接 最低气温： 和 连接 Weihai, Shandong, CN 最低气温 (℃) ▾ 和 摄氏度

图 11-3　**按下 A 键播放天气及气温**

试一试

体验这两块积木可以告诉我们哪些信息？

11.3　穿衣戴帽早知道

根据当天的温度，小助手可以给出穿衣建议，用户可以根据建议选择自己的着装。

小贴士

穿衣气象指数共分 8 级，指数越小，穿衣的厚度越薄。

1～2 级为夏季着装，指短款衣类，衣服厚度在 4 毫米以下。

3～5 级为春秋过渡季节着装，从单衣、夹衣、风衣到毛衣类，服装厚度在 4～15 毫米。

6～8 级为冬季服装，主要指棉服，类，其服装厚度在 15 毫米以上。

1 级：轻制作的短衣、短裙、薄短裙。

2 级：棉麻面料的、薄长裙、薄 T 恤。

3 级：单层棉麻面料的短套装、T 恤衫、薄牛仔衫裤、休闲服、职业套装。

4 级：套装、夹衣、休闲装、夹克衫、西装、薄毛衣。

5 级：风衣、大衣、夹大衣、外套、毛衣、毛套装、西装。

6 级：棉衣、冬大衣、皮夹克、外罩大衣、厚毛衣、皮帽皮手套、皮袄。

7 级：棉衣、冬大衣、皮夹克、厚呢外套、呢帽、手套、羽绒服、皮袄。

8 级：棉衣、冬大衣、皮夹克、厚呢外套、呢帽、手套、羽绒服、裘皮大衣。

做一做

（1）新建变量，命名为“最高气温”，且将当日最高气温赋值给变此量 `将 最高气温 ▾ 设为 Weihai, Shandong, CN 最高气温 (℃) ▾`。

（2）依据温度给出对应的穿衣建议，如图 11-4 所示。

```
如果 < 最高气温 > 28 > 那么
    朗读 自动识别 ▾ 天气炎热，可穿轻棉织物制作的短衣、短裙、薄短裙、短裤
否则
    如果 < 最高气温 > 21 与 最高气温 < 27.9 > 那么
        朗读 自动识别 ▾ 天气舒适，可穿单层棉麻面料的短套装、T恤衫、薄牛仔衫裤、休闲服、职业套装
    否则
        如果 < 最高气温 > 11 与 最高气温 < 14.9 > 那么
            朗读 自动识别 ▾ 天气凉，可穿毛衣、风衣、毛套装、西服套装
        否则
            朗读 自动识别 ▾ 天气冷，可穿棉衣、冬大衣、皮夹克、厚呢外套、呢帽、手套、羽绒服、皮袄
```

图 11-4 **根据温度给出穿衣建议**

（3）自制积木模块，制作新积木，命名为“穿衣”`穿衣`，将这一积木放置在主程序下方。

挑战自我

空气质量指数(air quality index，AQI)是定量描述空气质量状况的无量纲指数，分为 0～50、51～100、101～150、151～200、201～300 和大于 300 六档，相对应空气质量的六个类别，指数越大，级别越高，说明污染越严重，对人体的健康危害也就越大。根据空气质量 AQI 指数，建议是否适宜出行，让小助手的功能更为强大。

第 12 课　智能学习机

真想拥有一款学习机，这样，它就能教我认识更多汉字了。

用慧编程编写程序，可以DIY一款识字机器人。它不但能读出字的读音，而且还能教给你怎样书写呢！

童芯派在线状态下，单击绿旗，按键选择不同的模式。当按下 a 键后，进入“学习模式”；当按下 b 键后，进入“读音测试模式”；当按下 c 键后，进入“书写测试模式”；根据不同的测试结果，童芯派会作出相应的反馈。

12.1 强大的字库

机器人要想有识文断字的强大本领，必须拥有强大的字库，这些字需要我们人工输入并用列表存储。

做一做

（1）添加教师角色，并调整到合适大小，如图 12-1 所示。

（2）新建“字库”列表，并将需要认识的字添加到列表中，如图 12-2 所示。

图 12-1 添加教师角色

图 12-2 新建“字库”列表，将认识的字添加到列表

12.2 学习模式

当按下 a 键时，进入学习模式。认识新字时，不但要知道它的读音，还要学会书写。

做一做

（1）在“扩展中心”添加“一个汉字”角色扩展。添加后，就会在模块中出现“写”模块。

（2）当按下 a 键后，生成字帖。此时，每次按下空格键，就会依次书写一个汉字。当字库中的所有汉字书写完成后，删除字帖。

（3）在“扩展中心”中添加“人工智能服务”角色扩展。“人工智能服务”扩展中“语音交互”模块的“朗读”积木可以朗读字音，如图 12-3～图 12-7 所示。

图 12-3　汉字扩展

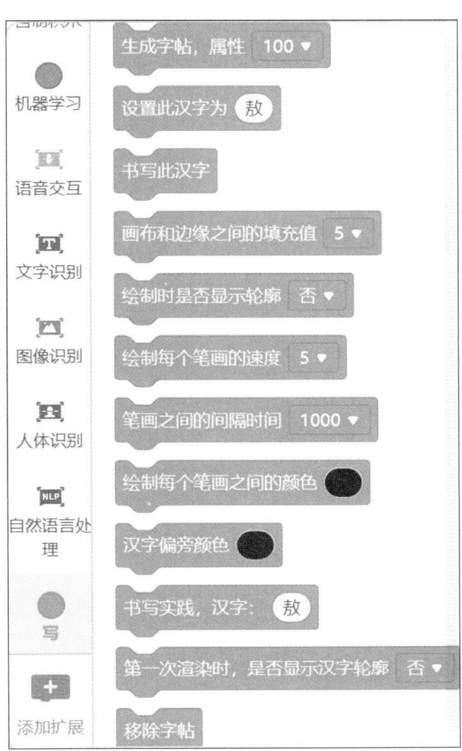

图 12-4　“写”模块

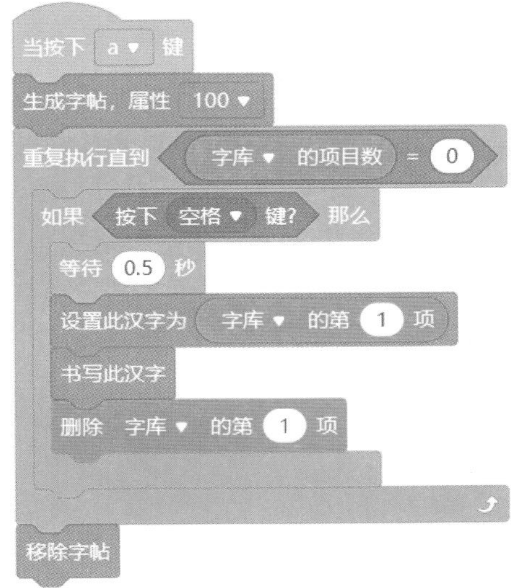

图 12-5　按下 a 键程序

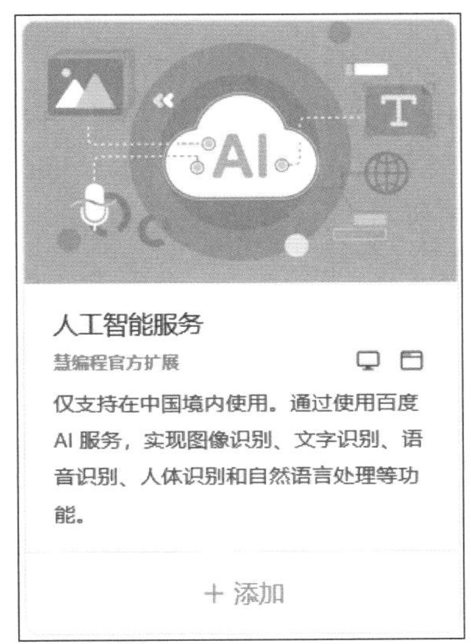

图 12-6　人工智能模块

```
当按下 a▼ 键
生成字帖，属性 100▼
重复执行直到 <(字库▼ 的项目数) = 0>
    如果 <按下 空格▼ 键?> 那么
        设置此汉字为 (字库▼ 的第 1 项)
        朗读 (字库▼ 的第 1 项) 直到结束
        书写此汉字
        删除 字库▼ 的第 1 项
移除字帖
```

图 12-7　**按下 a 键朗读**

每个复合结构的字都有它的偏旁部首，尝试用红色的笔画书写汉字的偏旁，让汉字的偏旁更醒目。

12.3　读音检测

测试模式有两种，即读音测试和书写测试。当按下 b 键后，进入读音测试。读音测试时，需要用“语音识别”积木让机器人听懂你说的话，并做出正确与否的判断，如图 12-8 所示。

```
当按下 b▼ 键
重复执行直到 <(字库▼ 的项目数) = 0>
    如果 <按下 空格▼ 键?> 那么
        说 (字库▼ 的第 1 项)
        开始 普通话▼ 语音识别，持续 2▼ 秒
    删除 字库▼ 的第 1 项
```

图 12-8　**按下 b 键程序**

（1）按下空格键，角色依次“说”出字库中需要读音检测的字，并开始语音识别。

（2）判断读音是否正确，并语音朗读出测试结果，如图 12-9 所示。

```
如果 < (语音识别结果) = (字库 的第 1 项) > 那么
    朗读 (恭喜，回答正确) 直到结束
否则
    朗读 (回答错误，继续努力！) 直到结束
```

图 12-9　**判断语音是否正确**

12.4　书写检测

当按下 c 键后，进入书写测试。书写测试时需要用“人工智能服务”角色扩展中的“文字识别”模块让机器人看懂你写的字，并做出正确与否的判断，如图 12-10 所示。

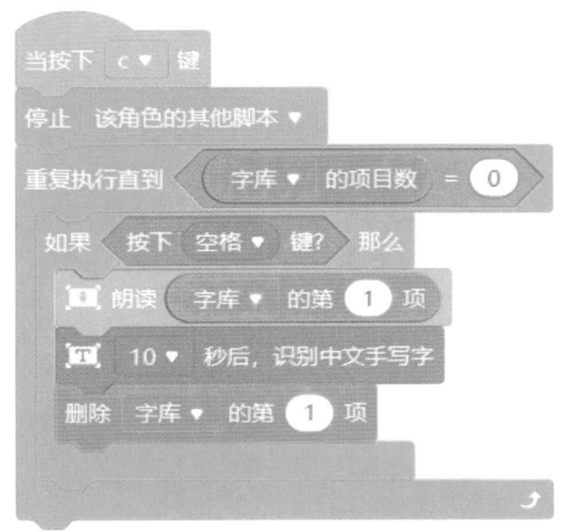

图 12-10　**按下 c 键程序**

（1）按下空格键，角色依次朗读出字库中需要书写检测的字，并开始中文手写字识别。识别时，需要将写出来的字对准摄像头。

（2）判断书写是否正确，并语音朗读出测试结果，如图 12-11 所示。

```
如果 〈文字识别结果 = 字库 的第 1 项〉 那么
    朗读 恭喜，回答正确 直到结束
否则
    朗读 回答错误，继续努力！ 直到结束
```

图 12-11　判断书写是否正确

试一试

文字识别不但可以识别中文手写字，还可以识别不同语言的印刷文字、网络图片文字以及车牌号码，请尝试识别以上不同类型的文字。

视野拓展

慧编程的“人工智能服务”包括语音交互、文字识别、图像识别、人体识别、自然语言处理等模块，实际上它是调用了像百度 AI、讯飞等开放平台的数据实现相应的功能。

语音技术实现了人机语音交互，使人与机器之间沟通变得像人与人沟通一样简单。语音技术主要包括语音合成和语音识别两项关键技术。让机器说话，用的是语音合成技术；让机器听懂人话，用的是语音识别技术。除此之外，文字识别、图像识别及人脸识别技术也正改变着我们的生活。一个手机 APP 就能刷脸支付；汽车进入停车场、收费站都不需要人工登记了，都是用车牌识别技术；我们看书时看到不懂的题，拿个手机一扫，就能在网上帮你找到这题的答案。

12.5　结果反馈更多样

利用童芯派的在线模式，还能用灯光、文字、声音等多种形式，对测试结果做出多种形式的反馈，实现交互效果。

(1) 要完成“角色”与“设备”之间的通信，需要用到“广播消息”积木。

当读音或书写测试正确后，广播 正确，童芯派收到“正确”消息后，显示全彩灯光，在屏幕上显示“正确”文字，并播放声音“耶”，如图 12-12 所示。

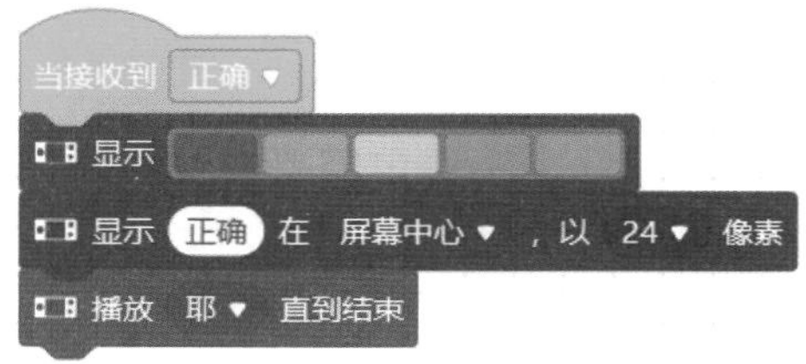

图 12-12　接收到正确程序

(2) 当读音或书写测试错误后，，童芯派收到“错误”消息后显示红色灯光，在屏幕上显示“错误”文字，并播放“叹气”声，如图 12-13 所示。

图 12-13　接收到错误程序

利用童芯派存储一首诗，当童芯派启动时，屏幕显示诗的内容，10 秒后消失，并开始检测你是否能背诵下来，根据检测结果做出不同反馈。

能读，能写，还会背诵，赶快让你的学习机器人更智能吧！

第 13 课　魔法培训师

魔术节上，小狗能根据给出的数字手势算出两个数相加的和是多少，然后用叫声数告诉我们，真是太聪明了。

这是培训师对小狗进行的强化训练，用同样的原理，我们可以让计算机变得更聪明。

给出一些加法算式，让计算机进行学习，经过加法的机器学习后，计算机就能够掌握加法运算的算法，当给出任意两个数后，计算机就能够根据算法自动计算出和是多少。

13.1　训练模型

机器学习通过“训练”使其学习如何完成任务。“训练”包括向模型中载入大量数据，并且能够自动调整和改进算法。

（1）在“角色扩展”中添加“机器学习之加法训练”扩展，如图 13-1 和图 13-2 所示。

（2）对模型进行设定，当单击绿旗后，计算机会自动给出 5000 组数据，并进行 100 次重复训练，随着迭代次数的增加，模型的损失度会越来越低，而准确度会越来越高，如图 13-3～图 13-5 所示。

图 13-1　机器学习之加法训练扩展

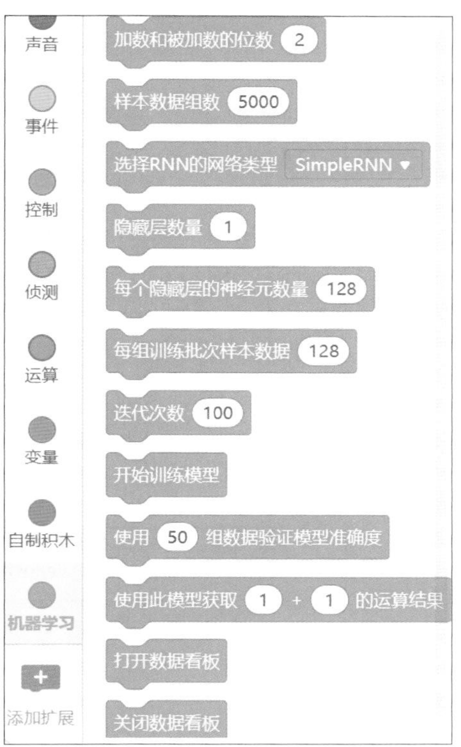

图 13-2　“机器学习”模块

图 13-3　设定模型

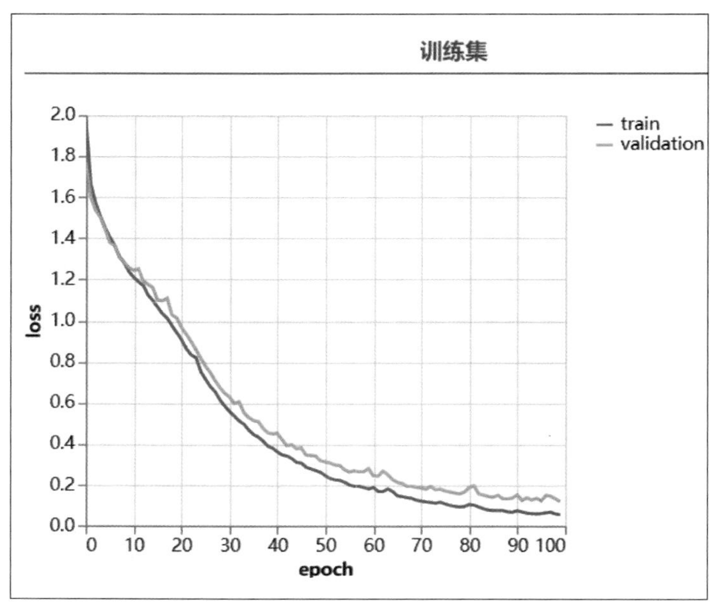

图 13-4 训练模型损失度

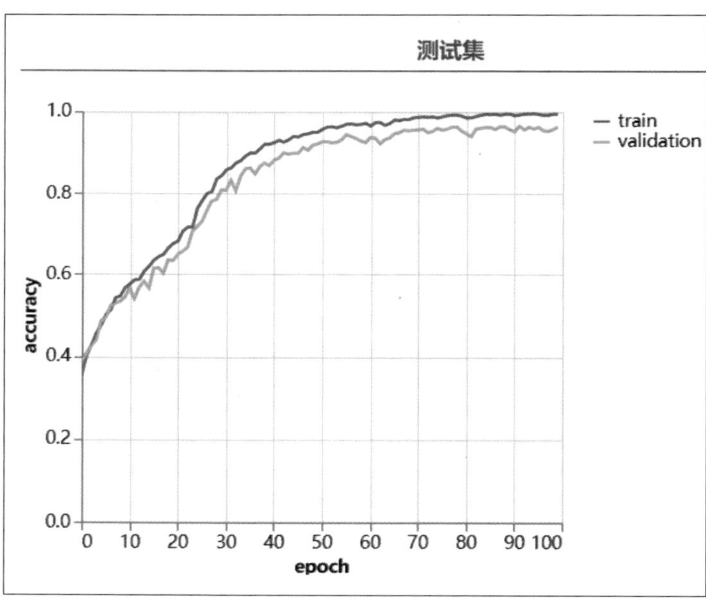

图 13-5 训练模型准确度

在进行模型训练时，计算机大量内存被占用，会处于类似死机的状态。

13.2　检验模型

经过训练,计算机是否掌握了加法运算的算法呢,我们先来检测一下模型的正确率。

(1) 使用 50 组数据研究模型的准确度,并打开数据看板对比查看数据,如图 13-6 所示。

使用 50 组数据验证模型准确度
打开数据看板

图 13-6　打开数据看板

(2) 查看"预测答案"和"答案"是否一致,决定模型是否可用。从对比结果看,绝大多数预测答案正确,但个别预测答案有误,如图 13-7 所示。

question	Predicted answer	answer
47+83	130	130
75+3	78	78
6+9	10	15
42+61	103	103
94+74	168	168
95+50	145	145
14+27	41	41
99+77	176	176
14+85	10	99
77+51	128	128
4+46	50	50
28+99	127	127
55+49	104	104
97+96	193	193

图 13-7　查看预测答案和答案是否一致

试一试

尝试调整“样本数据组数”和“迭代次数”，使模型的正确度更高。

13.3 使用模型

当模型的预测结果正确度较高时，计算机就掌握了加法算法，可以用这种算法来计算任意给定的加法运算，如图 13-8 所示。

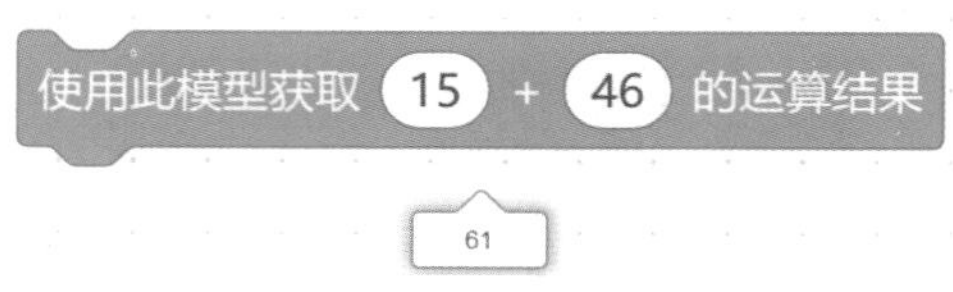

图 13-8 **使用模型获取预算结果**

任意输入两位数的加数和被加数，点击积木运行，就会自动给出结果。

视野拓展

现实世界中，有这么一个“幼童”，他没见过任何棋谱，也没有得到过任何人指点，从零开始，自娱自乐，自己参悟，用了仅仅 40 天，便称霸围棋武林。

这个“幼童”叫阿尔法元，就是在乌镇围棋峰会上打败了人类第一高手柯洁的阿尔法狗的同门“师弟”。阿尔法元为什么会如此聪明呢？它正是利用了当今人工智能最热门的研究领域之一——强化学习。

这一过程中，阿尔法元成为自己的“老师”，神经网络不断被调整更新，以评估预测下一个落子位置以及输赢，更新后的神经网络又与搜索算法重新组合，进而创建一个新的、更强大的版本，然后再次重复这个过程，系统性能经过每一次迭代得到提高，使得神经网络预测越来越准确，阿尔法元也越来越强大。

挑战自我

利用“机器学习之加法训练”扩展，做一个加法自动出题机器人。当按下空格键后，随机给出两位数的加数和被加数，询问和是多少，当用户输入计算答案时，计算机会自动判断计算结果是否正确。

第 14 课　温馨的小窝

房间内的窗帘和灯会根据光线的明暗而变化，光线亮时说明是白天，灯会自动熄灭，窗帘打开采光，光线暗时说明是黑天，灯会自动打开，关闭窗帘。

14.1　根据光线亮灯

检测室内光线的强弱，亮度强时光环板的灯亮度弱，亮度弱时光环板的灯亮度强。

设置光环板 LED 灯的亮度为 (100 - 环境光强度)，LED 灯全部显示为黄色，如图 14-1 所示。

```
当 🏁 被点击
重复执行
    将 LED 灯亮度设置为 (100) - (环境光强度) %
    LED 灯 全部 ▾ 显示 ( )
    等待 (1) 秒
```

图 14-1　设置光环板 LED 灯亮度并显示黄色

14.2　判断光线强度

判断光线强度，并根据光线强度发出开灯、关灯指令。

做一做

判断光线强度并发送广播开灯或关灯，如图 14-2 所示。

图 14-2　判断光线强调并发送广播

14.3　收到广播换背景

收到开灯或者关灯的广播之后，更换背景。

（1）添加卧室背景，并为背景添加造型，如图 14-3 所示。

图 14-3 **添加卧室背景并为背景添加造型**

(2) 背景在程序开始时是开窗帘的造型，收到广播开灯时关窗帘，收到广播关灯时开窗帘，如图 14-4 所示。

图 14-4 **收到广播切换造型**

14.4 收到广播开关灯

小屋内的灯在光线亮时关闭，光线弱时打开。

做一做

(1) 绘制一盏灯。

（2）收到开灯的广播时开灯，收到关灯的广播时关灯。

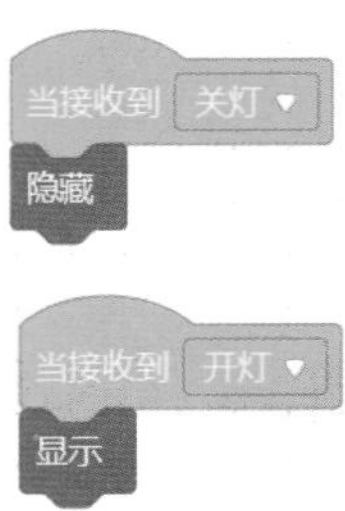

（3）添加女孩角色，单击绿旗时显示。

试着添加一个判断响度的功能，使光环版在既能满足响度的要求又能满足光线的要求时亮灯。

第 15 课　勇闯迷宫找食物

迷宫中有很多食物，分别隐藏在不同的位置，使用摇杆控制熊猫进行上、下、左、右移动，如果找到食物就语音播报“恭喜你找到食物”。

15.1　准备食物

在迷宫中不同的地方都有食物等着小小探险家去寻找。

添加迷宫角色，在角色选项卡中选择“添加”，在弹出的对话框中选择上传角色 上传角色，选择计算机中的迷宫角色并上传。

自己动手绘制一个迷宫。

添加食物角色，并调整食物的大小和位置，当食物被找到时，播报“恭喜你找到××”语音(以苹果为例)，如图 15-1 和图 15-2 所示。

图 15-1　显示迷宫

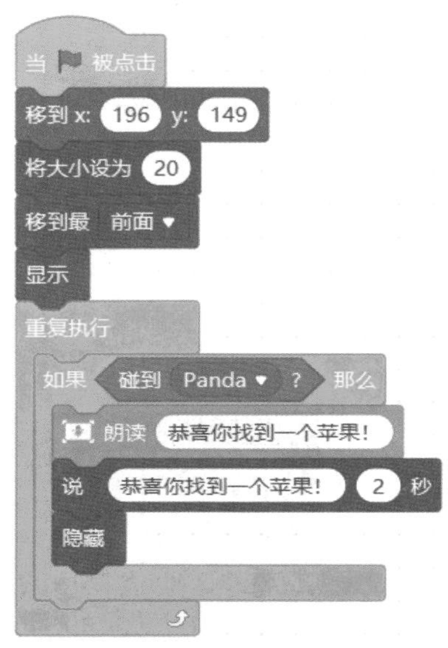

图 15-2　食物为苹果的程序

15.2　摇杆助我闯迷宫

使用童芯派的摇杆控制小熊猫进行上、下、左、右移动。

使用摇杆发出控制方向的广播，如图 15-3 所示。

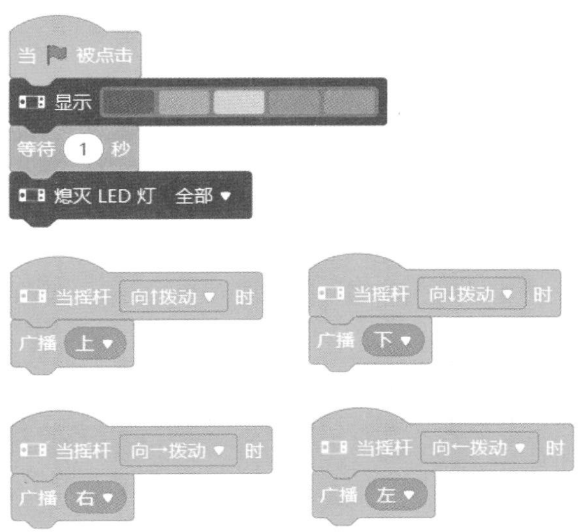

图 15-3　使用摇杆发出控制方向的广播

15.3　收到广播做移动

小熊猫收到广播后根据广播发出的方向，向对应的方向进行移动，如果在移动的过程中碰到迷宫的“墙壁”也就是迷宫图中白色的部分，会回到出发点重新开始，如图 15-4 所示。

做一做

为角色搭建脚本，实现上述效果。

（1）为了判断小熊猫是不是按照规则在走迷宫，而不是“飞檐走壁”，我们需要对它的运动轨迹进行规范，迷宫中白色的部分我们视为迷宫的围墙，如果碰到白色部分说明小熊猫有“跃墙”的嫌疑，视为不遵守游戏规则，让它回到游戏的起点从头开始。

（2）碰到颜色积木 碰到颜色 ? ，在 侦测 模块中，单击后面的颜色框就会出现颜色选项卡。

如果我们不能准确地把握颜色，最好使用下方的选色器，然后在舞台中会出现一个圆圈，把光标移动到要选取的颜色处，等圆圈的边变成想要选择的颜色后单击，即可快速准确地选择想要的颜色，如图 15-5 所示。

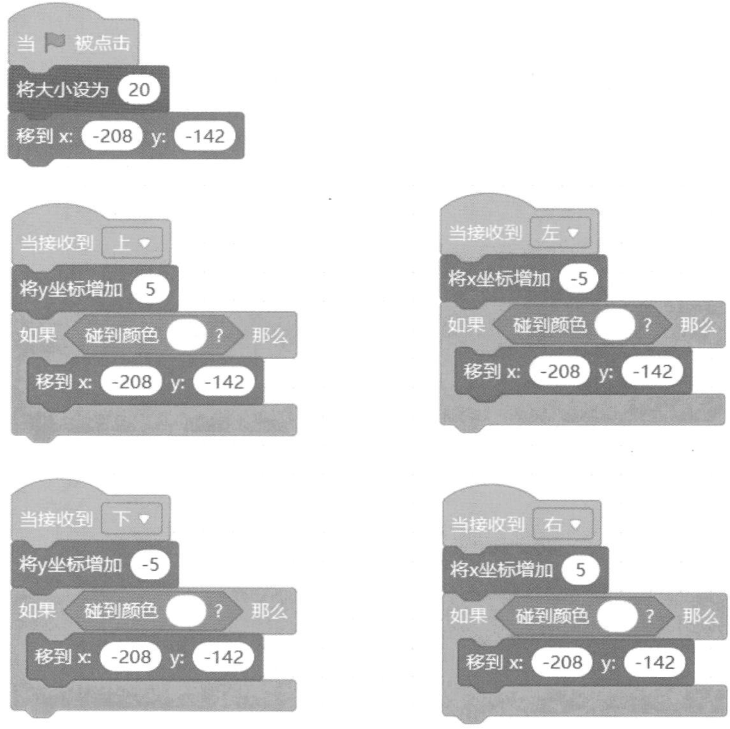

图 15-4　**根据广播向不同方向移动**

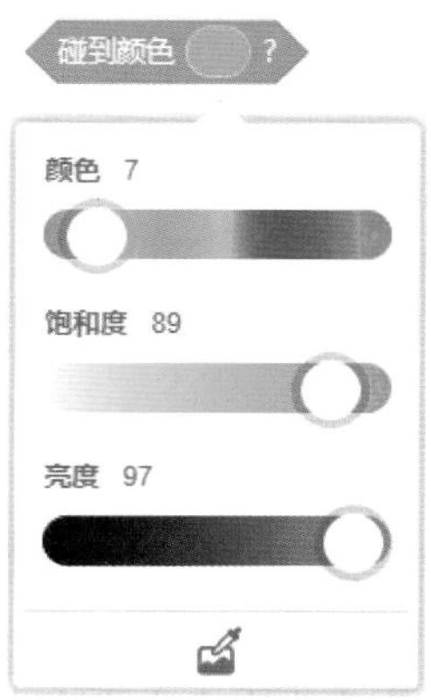

图 15-5　**碰到颜色**

试着添加一个计时功能，在规定的时间内找到所有的食物即通过迷宫，否则重新开始游戏。

第 16 课　我是健身小达人

在 60 秒的时间内一起摇晃童芯派，记录童芯派被摇晃的次数，到时间后会停止计数，通过运动的次数来判断谁是健身小达人。

16.1　加入网络好通信

首先让童芯派加入网络，并播报网络已连接，为下一步的通信做好准备。

将童芯派接入自己目前正在使用的无线网，并在网络连接成功后发出语音提醒，如图 16-1 所示。

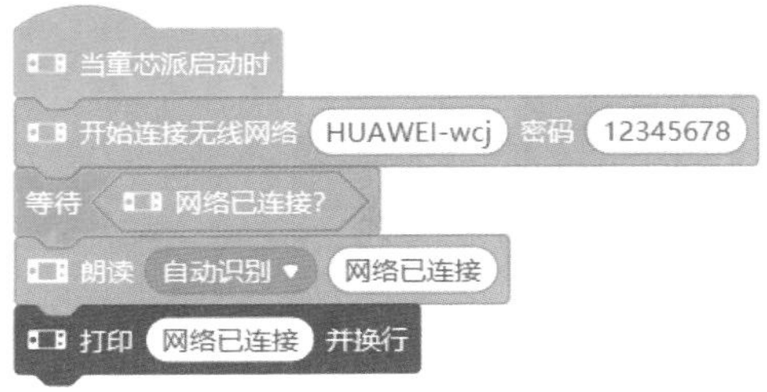

图 16-1　连接网络并提示网络已连接成功

16.2 发送广播做准备

网络连接成功后，在右上角单击登录按钮登录账号，如果没有账号可以先注册再登录。

账号云广播可以实现不同设备间的互联通信，但前提是需要登录在同一个账号下并且设备需连接无线网络。账号云广播的积木在物联网模块下。

（1）发送广播提示做好准备 发送账号云广播 message 。

（2）收到广播倒计时，如图 16-2 所示。

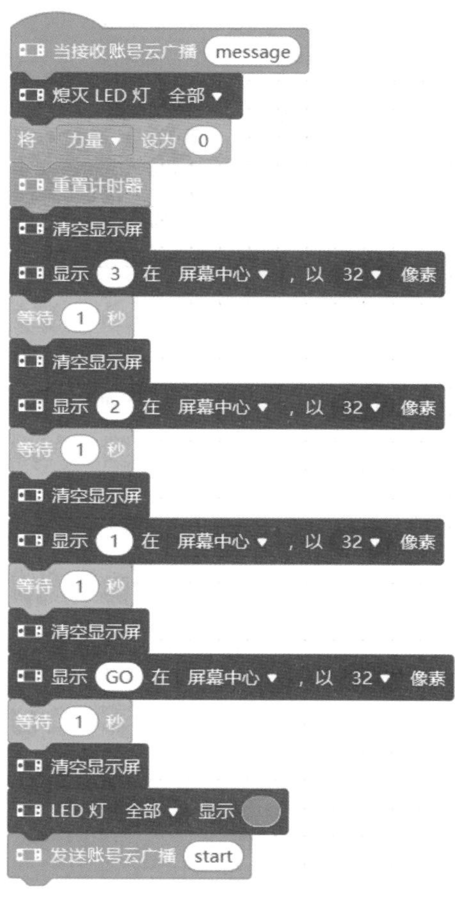

图 16-2 **收到广播倒计时**

尝试用英文、汉字、数字和符号来命名账号云广播，看看是否能够收到广播，总结发现账号云广播的命名规则。

16.3　计时开始来比赛

比赛开始之后，计时器开始计时，如果童芯派被摇晃，变量“力量”增加 1，同时童芯派 LED 灯的亮度也显示“力量”大小，柱状图增加数据 50，60 秒后把力量值发送回童芯派，并停止这个脚本。

为童芯派搭建脚本，实现在 60 秒内记录摇晃次数的效果，如图 16-3 所示。

图 16-3　记录 60 秒内摇晃的次数

童芯派能够检测到被摇晃的强度（摇晃强度），摇晃的幅度越大强度值越大，试试改变条件，当摇晃值大于某个值（比如 30）时，变量“力量”增加 1，看看最后的结果是否有所变化，如果条件改为挥动速度（挥动速度）呢？它和摇晃强度有什么区别？

16.4 广播改名好区分

由于是两个人在比赛，所以需要给两个童芯派编写脚本，童芯派 2 和童芯派 1 的脚本主要区别在于通过账号云广播返回“力量”值时把广播的名称进行一下修改，比如一个用 one，一个用 two，这样就可以根据广播的名称来区别谁输谁赢。

再次打开一个编程界面，连接童芯派 2，为童芯派 2 编写程序。连接网络和准备的程序与童芯派 1 相同，只是在反馈结果时有所不同，如图 16-4 所示。

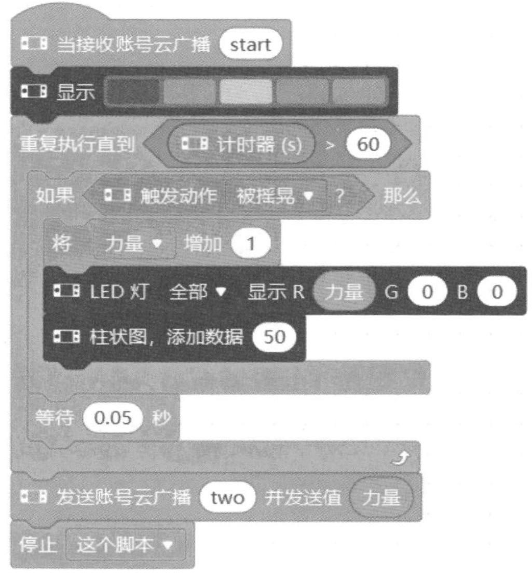

图 16-4 **童芯派 2 摇晃次数**

16.5 接收结果判输赢

比赛结束之后，根据返回的结果判断是哪一个童芯派赢得了比赛。

童芯派 1 按下 A 键，根据结果进行判断并播报赢家，如图 16-5 所示。

```
当按键 A ▼ 按下时
如果 < 账号云广播 (one) 收到的值 > 账号云广播 (two) 收到的值 > 那么
    朗读 自动识别 ▼ (童芯派1获胜)
否则
    朗读 自动识别 ▼ (童芯派2获胜)
```

图 16-5　按下 A 键判断并播报赢家

挑战自我

试着增加比赛的难度，童芯派摇晃强度大于 30 时“力量”加 1，如果强度小于 30 时，“力量”减 1。

第 17 课　免接触式电梯

小童，新型冠状病毒真的太可怕了，我们应该引以为戒，以后注意个人卫生，养成健康的生活习惯。

果果，你说得太对了，避免不必要的接触是预防病毒的有利手段之一，免接触式电梯就能有效地解决手指接触按键的问题。

想要使用电梯上下楼的人，站到电梯旁之后会进行人脸识别，如果佩戴口罩则开门；然后询问“是否关闭电梯门”，并对回答进行语音识别，如果回答关门则关闭电梯门，否则一直重复进行语音识别；电梯关门后询问“去几楼”，语音回答要去的楼层，然后童芯派的 LED 灯会闪烁相应楼层数，电梯到达后会进行播报。

17.1　人脸识别电梯门

电梯门平时是关闭的状态，提示来人对准摄像头进行人脸识别，如果来人佩戴口罩，则开门，否则提示佩戴口罩。

（1）准备电梯的角色，在角色库中选择“Door1 角色”，单击“造型”进入造型编辑窗口，删除右侧的半边门。

再次添加“Door1 角色”，命名为“Door2”，在造型编辑窗口中删除左侧的半边门，退出

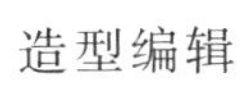造型编辑。

（2）为电梯门编写程序，确定初始位置，两扇门的初始位置相同。

（3）为其中一扇门编写程序进行人脸识别，如图 17-1 所示。

```
当 被点击
移到 x: 0 y: 0
朗读 你好，本电梯是免接触式电梯，请将正脸对准摄像头 直到结束
5 秒后，识别人体特征
如果 已戴口罩? 那么
    朗读 您好，请进
    广播 开门
否则
    朗读 您好，请您佩戴口罩！
```

图 17-1　识别是否戴口罩

识别人体特征积木 2▾ 秒后，识别人体特征 在人工智能的人体识别模块 人体识别 中，除了能够识别是否佩戴口罩外，还能够识别是否在看手机。除此之外，还有检测人流量以及识别情绪等积木。

尝试改变识别的条件来打开电梯门。

17.2 询问关门保安全

进入电梯后，询问是否关闭电梯门，在识别到回答是“关门”时，电梯门关闭，保障使用电梯人员的安全。

做一做

为电梯添加脚本，实现开门的效果，如图 17-2 和图 17-3 所示。

图 17-2 Door1 程序

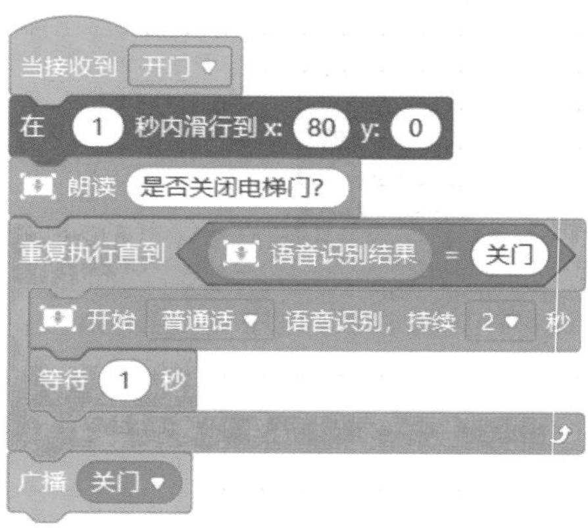

图 17-3 Door2 程序

17.3 询问楼层送乘客

进入电梯关闭电梯门后，询问乘客要去哪一层，根据乘客的回答电梯移动到相应的楼层，童芯派的 LED 灯会通过点亮的数来表示要去的楼层。

编程程序,关闭电梯门并询问去几楼,根据语音识别的结果广播不同的楼层,如图 17-4 所示。

图 17-4　Door1 程序

17.4　安全送达责任大

童芯派收到相应楼层的广播后,LED 灯闪烁相应楼层的个数,闪烁 5 次后电梯到达。将乘客安全送达。

(1) 为童芯派编写程序,收到相应楼层的广播后,LED 灯闪烁相应楼层的个数,闪烁 5 次后电梯到达,如图 17-5～图 17-7 所示。

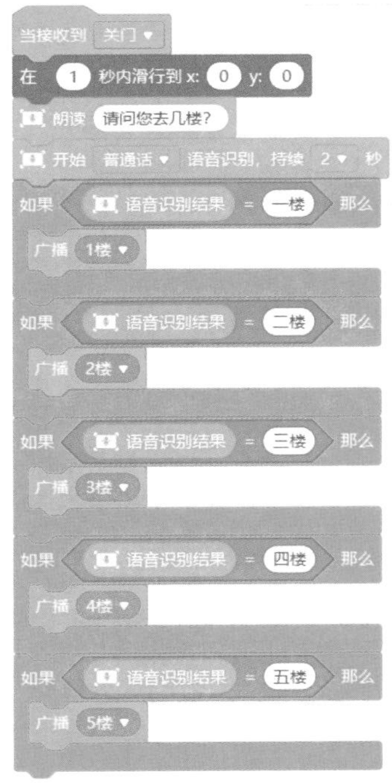

图 17-5　Door2 程序

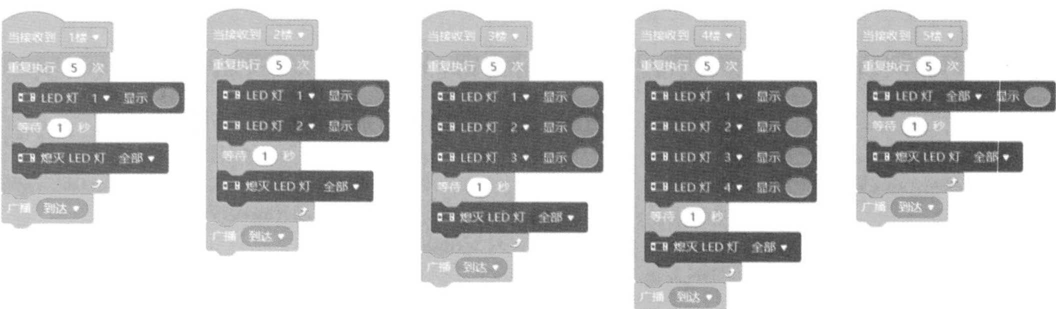

图 17-6　不同楼层的程序

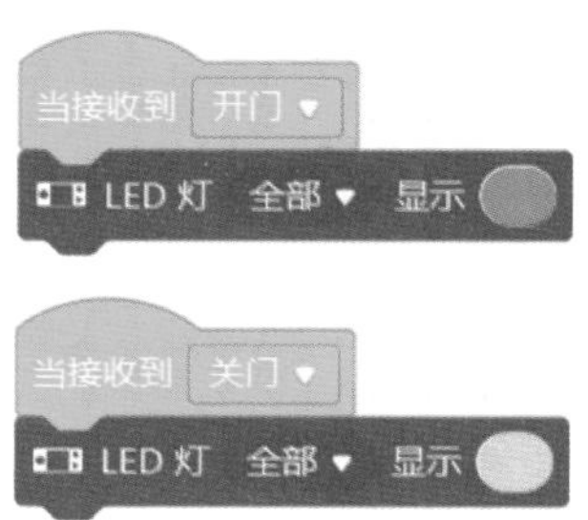

图 17-7　接收到开门和关门程序

（2）为电梯编程程序，实现到达播报，如图 17-8 和图 17-9 所示。

图 17-8　Door1 程序

图 17-9　Door2 程序

人脸识别还可以应用在哪些领域呢？尝试自己编写一个人脸识别的小程序吧！

第 18 课　我们的悄悄话

小童，我妈妈不喜欢我玩手机，我想跟你说话的时候怎么办呢？

果果，我们用“童芯派”就可以相互交流啊，账号云广播是没有区域限制的哦！

小童在公园里玩，果果在家里感觉很无聊，想问问小童现在在哪里，有没有空来找他玩。

将童芯派连接到计算机上，选择端口，连接设备。

18.1 在家无聊的果果

果果自己在家感觉很无聊，想给小童发信息，问问他在干什么。

为果果搭建脚本，如图 18-1 所示。

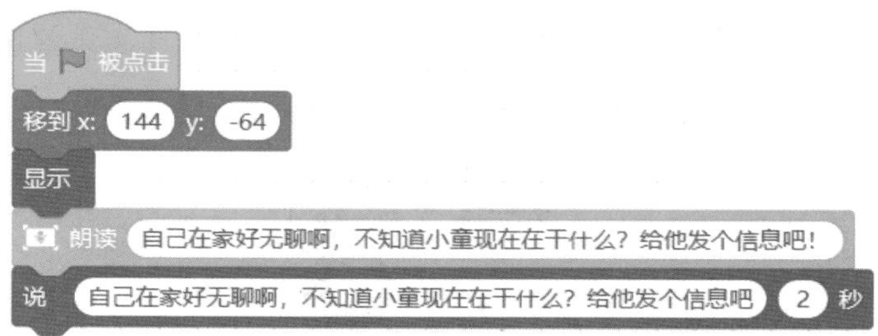

图 18-1 **果果的初始程序**

18.2 童芯联网好通信

当童芯派启动时接入无线网。

为童芯派接入无线网，亮彩灯提示网络已连接，显示屏显示文字提示，如何发送和接收信息，如图 18-2 所示。

当童芯派启动时
开始连接无线网络 HUAWEI-wcj 密码 12345678
等待 网络已连接?
显示
打印 按下A键，说出要发送的语音（3秒）按下B键接收语言 并换行

图 18-2 **将童芯派联网并显示操作说明**

18.3　发送语音文字

童芯派不能发送语音，需要先把语音转换成文字然后再发送，我们需要用到人工智能模块下的语音识别系列积木，如图 18-3 所示。先对语音进行识别，然后再把识别的结果发送出去。

```
朗读 自动识别 ▾ hello world

识别 (1) 普通话 ▾ 3 秒

语音识别结果

将 hello 译为 中文 ▾
```

图 18-3　**人工智能系列积木**

做一做

按下 A 键进行语音识别，识别结束后把识别的结果显示到 LED 灯显示屏，并通过账号云广播把语音识别的结果发送到接收方小童的童芯派，如图 18-4 所示。

```
当按键 A ▾ 按下时
清空显示屏
LED 灯 全部 ▾ 显示 ●
打印 正在识别语言内容 并换行
识别 (1) 普通话 ▾ 3 秒
熄灭 LED 灯 全部 ▾
打印 语音识别结果 并换行
发送账号云广播 小童 并发送值 语音识别结果
```

图 18-4　**语音识别并发送识别结果**

18.4　小童联网收信息

作为接收信息的小童，也需要把童芯派连接到网络，并且也可随时按下 A 键给果果发送信息。

（1）为角色小童编写脚本，如图 18-5 所示。

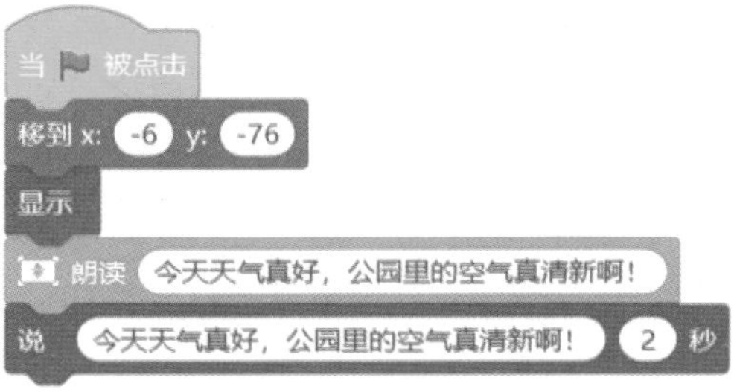

```
当 🏴 被点击
移到 x: -6 y: -76
显示
朗读 今天天气真好，公园里的空气真清新啊！
说 今天天气真好，公园里的空气真清新啊！ 2 秒
```

图 18-5　小童的初始程序

（2）为童芯派 2 联网，并且也可以发送语音文字，如图 18-6 和图 18-7 所示。

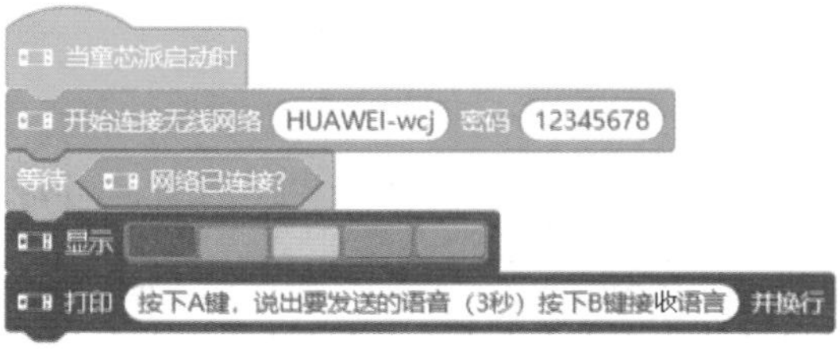

```
当童芯派启动时
开始连接无线网络 HUAWEI-wcj 密码 12345678
等待 网络已连接?
显示
打印 按下A键，说出要发送的语音（3秒）按下B键接收语言 并换行
```

图 18-6　童芯派 2 联网显示操作说明

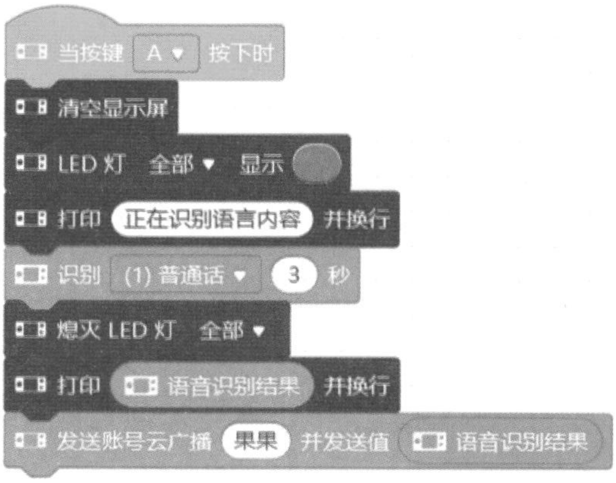

```
当按键 A 按下时
清空显示屏
LED 灯 全部 显示
打印 正在识别语言内容 并换行
识别 (1) 普通话 3 秒
熄灭 LED 灯 全部
打印 语音识别结果 并换行
发送账号云广播 果果 并发送值 语音识别结果
```

图 18-7　童芯派 2 语音识别并发送识别结果

18.5　查看消息真有趣

收到消息的童芯派会发出接收到新消息的提示，按下 B 键接收消息。

（1）果果接收到消息，账号云广播的名称是小童，如图 18-8 所示。

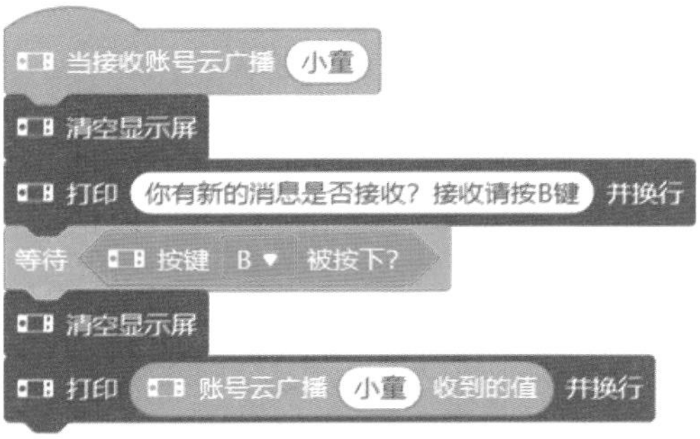

```
当接收账号云广播 (小童)
清空显示屏
打印 (你有新的消息是否接收？接收请按B键) 并换行
等待 <按键 B▼ 被按下?>
清空显示屏
打印 (账号云广播 (小童) 收到的值) 并换行
```

图 18-8　**果果查看消息**

（2）小童接收到消息，账号云广播的名称是果果，如图 18-9 所示。

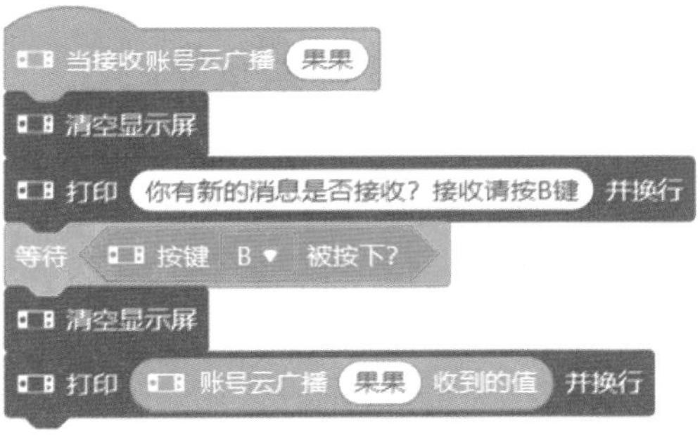

```
当接收账号云广播 (果果)
清空显示屏
打印 (你有新的消息是否接收？接收请按B键) 并换行
等待 <按键 B▼ 被按下?>
清空显示屏
打印 (账号云广播 (果果) 收到的值) 并换行
```

图 18-9　**小童查看消息**

账号云广播除了能够发送语音文字之外，还能够发送很多其他的信息，比如其他地方的天气，噪声检测点的噪声实时数值。尝试自己做一个噪声检测系统，体会账号云广播带给我们的便利吧！

第 19 课　我是小画家

为童芯派添加海龟画图的扩展，设定颜色和画图的位置，画出色彩斑斓的图形。

19.1　海龟画图初体验

童芯派设有海龟画图的扩展功能，可以通过海龟画图扩展体验画图，如图 19-1 所示。

图 19-1　海龟画图扩展

选中童芯派，单击 添加扩展 按钮，在 设备扩展 选项卡中找到"童芯派"海龟画图扩展，单击

“添加”按钮。

添加后在模块区会显示海龟画图 海龟画图。

19.2　设置颜色好作画

画笔的颜色可以通过颜色的 RGB 值来设置，我们把颜色设置为随机色，这样每画一次颜色都不相同。

自制积木设置画笔颜色，使用变量存储随机数，然后通过变量设定画笔的颜色，从而使画笔的 RGB 值随机产生，如图 19-2 所示。

```
定义 画笔颜色
将 R▾ 设为 在 0 和 255 之间取随机数
将 G▾ 设为 在 0 和 255 之间取随机数
将 B▾ 设为 在 0 和 255 之间取随机数
设置画笔【线条】颜色值：红 R 绿 G 蓝 B (0-255)
```

图 19-2　自制画笔颜色积木

19.3　美丽图案巧展现

绘制一个不断旋转的多边形。

为童芯派编写程序，绘制一个旋转的多边形，如图 19-3 所示。

```
当童芯派启动时
清空痕迹
抬笔
移动画笔到X坐标: 0 Y坐标: 0
落笔
重复执行 20 次
    画笔颜色
    画一个正多边形：边长为 32 像素，边数为 5
    右转 360 / 20 度
```

图 19-3　绘制旋转的多边形

小提示

(1) 海龟画图只能在“上传”模式中使用。

(2) 重新画图之前需要先清除以前的痕迹，抬笔移动到作画的开始位置之后再落笔开始画画。

(3) 童芯派的显示屏是通过坐标来表示的，坐标(0,0)在中间的位置，左、右、上、下各64像素。

试一试

海龟画图除了可以绘制正多边形外，也可以通过 前进 10 像素 后退 10 像素 积木与 左转 90 度 右转 90 度 积木组合绘制不规则的图形，尝试自己绘制一个吧！

挑战自我

如果你也喜欢绘画，那就尝试使用童芯派的海龟画图在显示屏上画一个小房子吧(提示：借助显示屏的坐标来绘制)。

第 20 课　自助点餐真方便

餐厅的点餐服务器上有餐厅的食品清单和价格，只需要单击想要吃的食物系统会自动记录点餐种类和价格，需要多个就单击多次，最后按下童芯派的 B 键结束点餐，在童芯派的显示屏上会显示点餐种类和单价、总价。

20.1　欢迎光临请点餐

舞台中出现几种不同的食物，并且语音播报点餐提示，童芯派显示屏显示操作规则："按下 A 键开始点餐，按下 B 键结束点餐"。

（1）为童芯派搭建脚本，使显示屏显示操作规则，如图 20-1 所示。

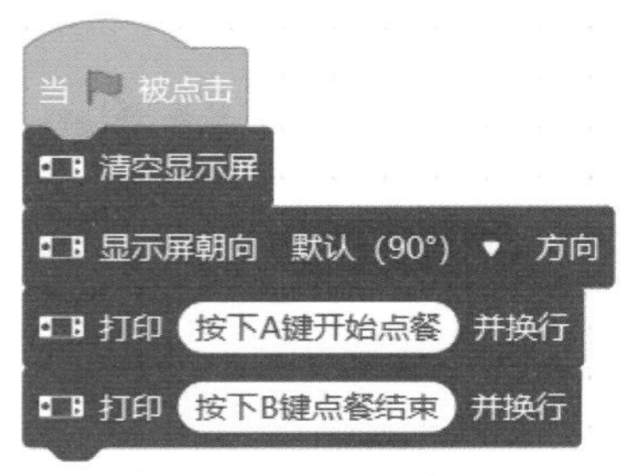

图 20-1　**显示操作规则**

（2）为服务生角色编写程序，语音播报点餐提示，如图 20-2 所示。

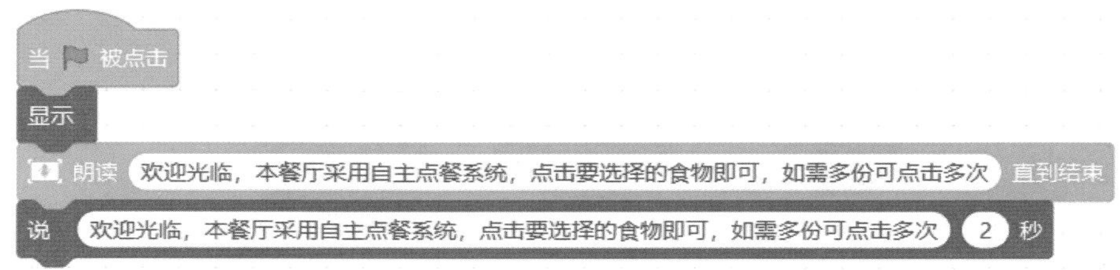

图 20-2　**播报点餐方法**

20.2　巧用变量做账单

为了记录食品的名称和价格，我们需要建立六个变量来帮助我们存储信息。

为服务生角色继续编写程序，新建六个变量，并赋初值为 0，如图 20-3 所示。

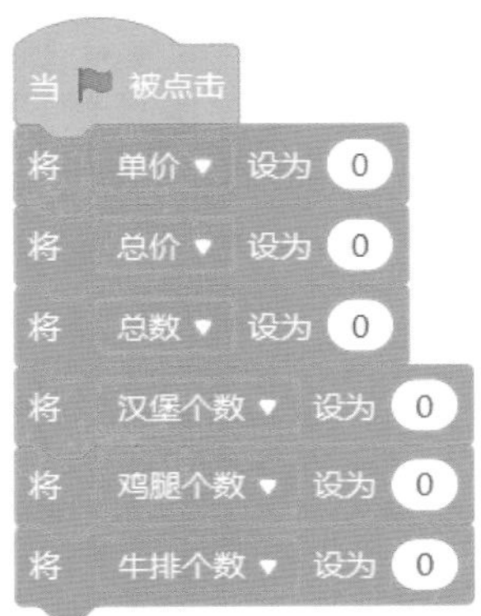

图 20-3　**变量初始化**

20.3　选择食物做记录

当客人单击喜欢的食物时，相关的变量要及时存储信息，同时，童芯派的显示屏会显示食物的名称，单价和数量。

做一做

（1）为食物编写程序，当被单击时相应的变量会及时存储信息，如图 20-4 所示。

图 20-4　**设置不同事物对应的变量信息**

（2）为童芯派编写程序，显示屏显示点餐清单，如图 20-5 所示。

每次重新点餐时一定要清空显示屏，这样前一次的点餐记录就会被清除。

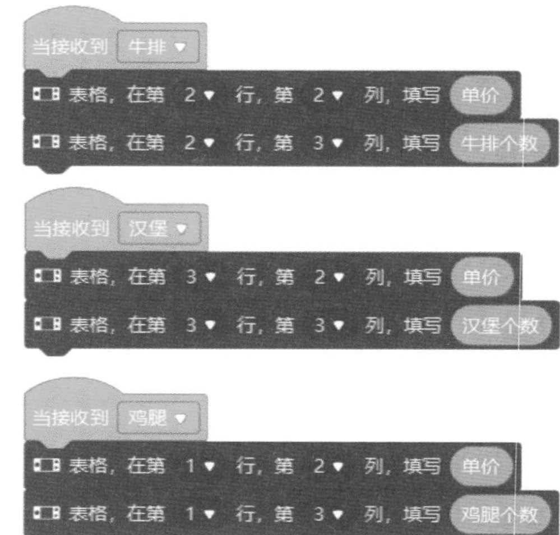

当按键 A 按下时
广播 开始点餐
清空显示屏
表格，在第 4 行，第 1 列，填写 总价
表格，在第 1 行，第 1 列，填写 鸡腿
表格，在第 2 行，第 1 列，填写 牛排
表格，在第 3 行，第 1 列，填写 汉堡

图 20-5　**显示点餐清单**

童芯派的显示屏支持绘制 4 行 3 列的表格，并且通过行和列的组合对每个单元格进行准确的数据填写，尝试自己设计一个表格，填入对应的数据体会表格的功能吧！

20.4　结束点餐享美食

按下 B 键结束点餐，语音播报点餐清单。

（1）为童芯派编写程序，按下 B 键结束点餐，如图 20-6 所示。

图 20-6　**按下 B 键结束点餐**

（2）为服务员角色编写程序，点餐结束后语音播报点餐清单，如图 20-7 所示。

```
当接收到 点餐结束
朗读 连接 鸡腿 和 连接 鸡腿个数 和 个
朗读 连接 牛排 和 连接 牛排个数 和 份
朗读 连接 汉堡 和 连接 汉堡个数 和 个
朗读 连接 您的消费金额为: 和 总价
```

图 20-7　**播报点餐清单**

我们只是完成了点餐的操作,如何对账单进行付款和找零呢？大家不妨自己探索一下吧！

第 21 课　保护眼睛勤测试

询问是否要测试视力，如果测试，舞台和童芯派的彩屏上会同时出现随机朝向的 E 字，拨动童芯派上的摇杆回答 E 字的开口，测试 10 次，结束测试，如果答对超过 8 次，说明眼睛很健康，否则提示保护眼睛。

21.1　询问是否测试视力

视力测试人员询问是否要开始测试视力。

为视力测试人员搭建脚本，如图 21-1 所示。

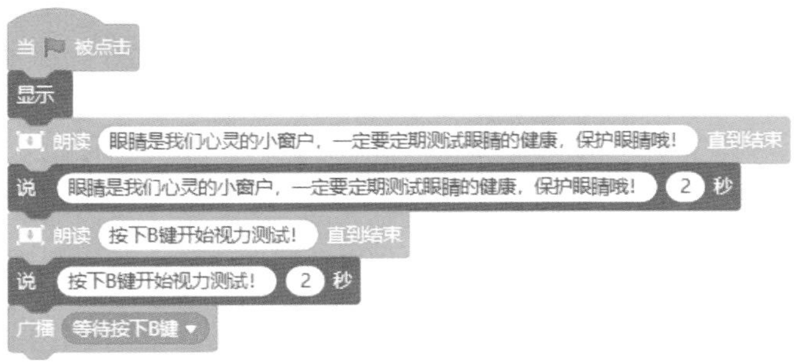

图 21-1　**视力测试人员程序**

童芯派选择在线模式，通过广播实现舞台中的角色和童芯派直接互动。

21.2　建立变量做准备

为了判断视力是否健康，规定测试的次数为 10 次，并记录判断正确的次数，判断正确得分加 1 分，否则不加分，所以我们需要建立“测试次数”“得分”两个变量来存储数据。

新建“测试次数”“得分”两个变量并赋初值为 0，如图 21-2 所示。

图 21-2　**初始化变量**

21.3 测试开始显示"E"

按下 B 键开始测试视力，在舞台和童芯派的显示屏中同时显示开口方向随机的"E"字，拨动童芯派的摇杆，判断随机出现的"E"字开口方向，测试 10 次后结束测试。我们可以根据自己的喜好，为晚会拼搭合适的灯光效果。

（1）为童芯派编写程序，清空显示屏，按下 B 键开始测试，如图 21-3 所示。

图 21-3　按下 B 键开始测试

（2）绘制"E"字，增加不同造型，并用 1、2、3、4 来命名开口方向为右、左、下、上的"E"字，如图 21-4 所示。

图 21-4　"E"字的不同造型

（3）为角色"E"编写程序，随机变换造型，并广播造型编号，测试次数为 10 时，结果测试，停止脚本，如图 21-5 所示。

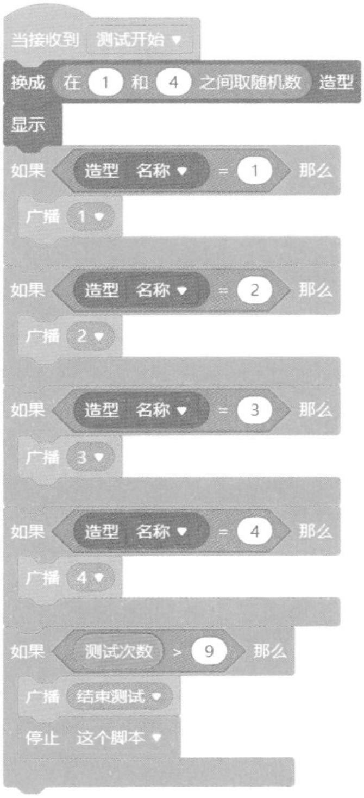

```
当接收到 测试开始 ▾
换成 在 1 和 4 之间取随机数 造型
显示
如果 造型 名称 ▾ = 1 那么
  广播 1 ▾
如果 造型 名称 ▾ = 2 那么
  广播 2 ▾
如果 造型 名称 ▾ = 3 那么
  广播 3 ▾
如果 造型 名称 ▾ = 4 那么
  广播 4 ▾
如果 测试次数 > 9 那么
  广播 结束测试 ▾
  停止 这个脚本 ▾
```

图 21-5　**随机变换造型发送广播记录测试次数**

小贴士

停止这个脚本  停止 这个脚本 ▾ 积木的用法是，停止这个积木所在的脚本，其他的脚本继续运行。

（4）童芯派接收到造型型号的广播后，在显示屏显示对应的“E”字，如图 21-6 所示。

图 21-6　**童芯派显示屏显示相应的“E”字**

通过设置显示屏朝向的方向，来改变“E”字屏幕中的开口方向。

21.4 拨动摇杆做回答

拨动童芯派上的摇杆，回答“E”字的开口方向。

(1) 为童芯派编写程序，根据摇杆的方向发送广播，如图 21-7 所示。

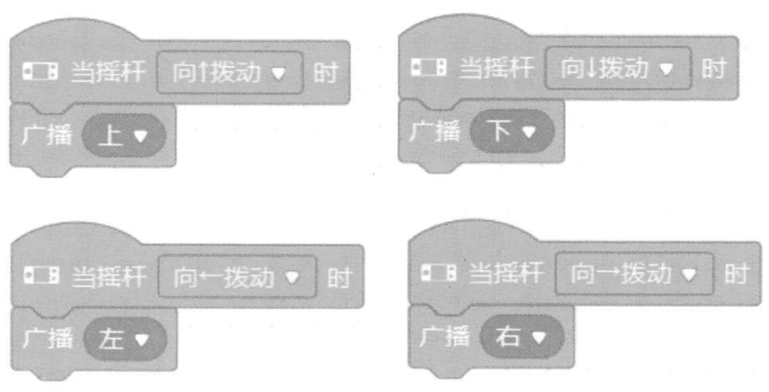

图 21-7 拨动摇杆作答

(2) 为“E”字编写脚本，判断接收到的摇杆方向与“E”字的开口方向是否相同，如果相同“得分”加 1，否则“得分”不变，同时“测试次数”加 1。

21.5 根据结果判视力

根据最后的得分判断视力是否正常。

(1) 为童芯派编写如图 21-8 所示的程序，接收到结束测试停止脚本。

图 21-8 结束测试程序

(2) 为“E”字编写程序，根据得分判断视力并播报，如图 21-9 和图 21-10 所示。

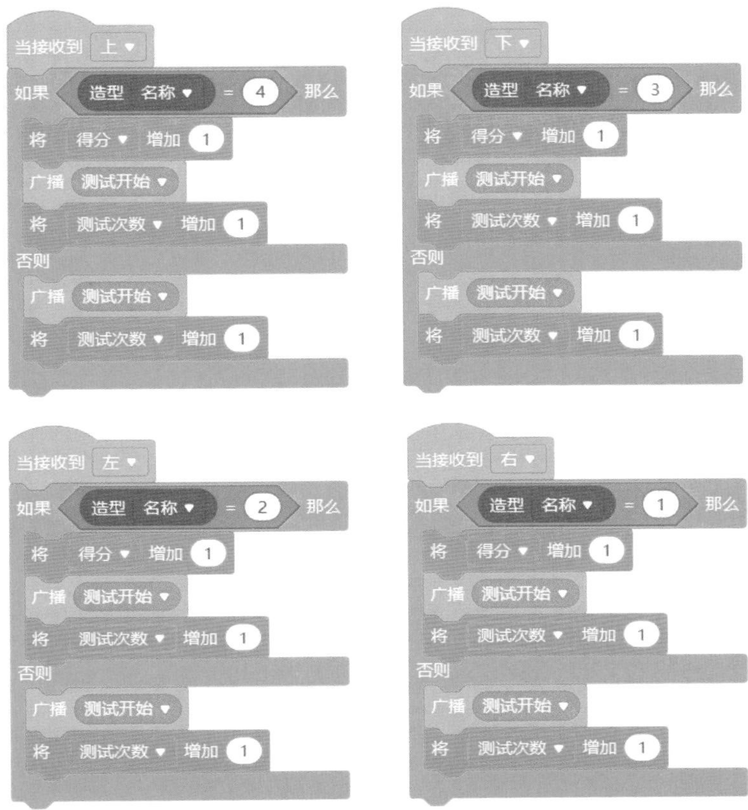

图 21-9　**判断答案是否正确记录得分及次数**

当接收到 结束测试
如果 得分 > 8 那么
朗读 连接 您的视力测试结果为 和 连接 得分 和 分 直到结束
朗读 您的视力非常健康 直到结束
否则
朗读 连接 您的视力测试结果为 和 连接 得分 和 分 直到结束
朗读 请注意保护眼睛 直到结束

图 21-10　**根据得分判断视力并播报**

小贴士

使用运算模块中连接 连接 苹果 和 香蕉 积木进行文字的连接。如果文字较多可以进行多嵌套连接。

挑战自我

真是的视力测试"E"字会随着测试次数的增加而变小的，尝试一下，增加测试的次数，改为 12 次，并且在测试次数超过 3 次时，"E"字变为原来的 80%，超过 6 次时，"E"字变为原来的 50%，超过 9 次时，"E"字变为原来的 30%，最后如果得分超过 10 分则为视力健康，否则为保护眼睛。

第3部分
勇闯代码岛

第22课　童芯里的 Python

未来是人工智能的时代，我听说Python是人工智能的首选编程语言。

为了适应这种需求，慧编程推出全新的Python编辑器作为童芯派的编程语言。

在慧编程的 Python 编辑器里，实现了控制硬件的 Python 代码与海量的第三方 Python 库的完美结合，可以更舒适地从图形化编程迁移到严肃的代码学习中，适用于人工智能、数据科学等各种应用场景。现在，让我们一起开启 Python 编程之旅，体验创造的乐趣吧！

做一做

（1）打开 Python 编辑器。

输入 Python 编辑器地址：https://python.makeblock.com（见图 22-1）。

注：推荐使用 Google Chrome 浏览器。

（2）下载并安装 mLink。

如果你是首次使用 Python 编辑器，你需要下载并安装慧编程助手（mLink）。

单击“前往下载”按钮。

目前慧编程助手 mLink 支持 Windows 操作系统、Mac 操作系统，可以根据需要进行下载，如图 22-2 所示。

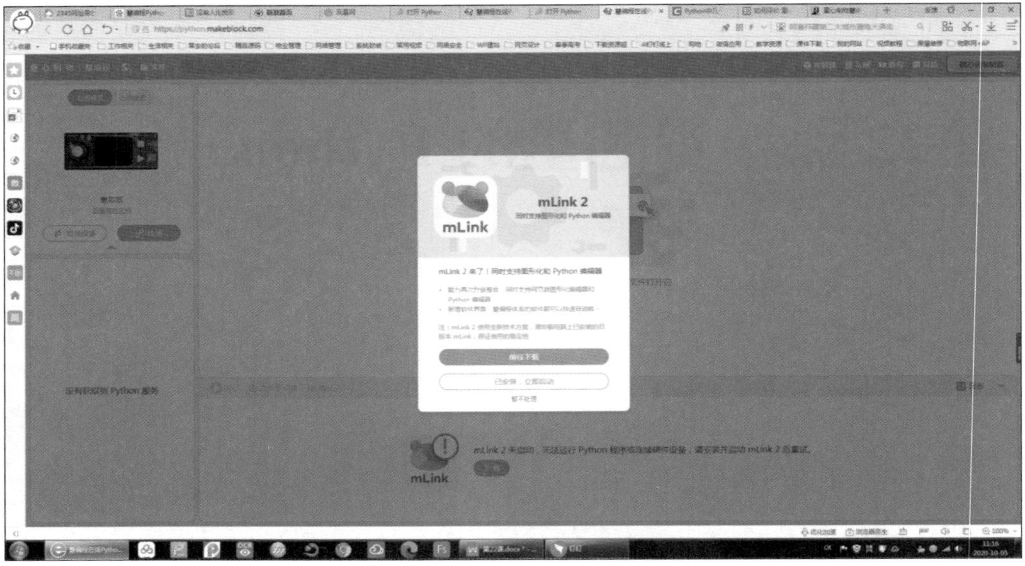

图 22-1 **打开 Python 编辑器**

图 22-2 **下载 mLink**

下载后按照提示进行安装即可。

注意：计算机的防火墙或杀毒软件可能阻止插件的运行。请检查其配置，然后将慧编程助手(mLink)添加到白名单。

(3) 运行 mLink，如图 22-3 所示。

图 22-3　运行 mLink

选择“慧编程 Python 编辑器”中的“开始创作”，即可重新回到 Python 编辑器。

(4) 认识界面。

Python 编辑器的整体布局，可以分为 5 部分，如图 22-4 所示。

① 工具栏：左上方可以新建、导入或导出作品，给自己的作品命名。右上角中的“库管理”可以安装或卸载 Python 库；“示例”里有 Python 编辑器自带的示例作品，可以按分类或主题查看编辑器查看；“教程”提供了 Python 编辑器的在线帮助文档，可点击目录标题查看；“图形化编辑器”提供了慧编程图形化编辑器入口。

② 设备操作区：连接、切换设备，或切换设备的编程模式。

③ 作品文件区：新建、重命名或删除文件或文件夹；添加本地文件或文件夹；添加资源库文件。

④ 作品文件编辑区：Python 文件都在这里创建、添加和修改，还可以从官方资源库中直接添加角色 、声音和背景。

⑤ 终端：在这里可以选择运行程序、把程序上传到设备、查看程序运行的结果。

图 22-4　Python 编辑器界面

Python 流行的原因之一是它具有强大的第三方库，这些库构建了 Python 的生态系统，使它可以保持活力和高效。

使用工具栏里中的“库管理”，可以安装和卸载 Python 库。

（1）安装库。

慧编程 Python 编辑器为 Python 库提供了两种安装模式。

模式 1：推荐库。

“推荐库”中既包含童芯制物（Makeblock）提供的官方 Python 库（见图 22-5），还提供了不同类型的常用 Python 库，我们可以根据自己的需要去安装、更新或卸载，同时慧编程对常用库进行了分类，如“人工智能”“数据计算”等，我们可以按分类找到所需的 Python 库，如“makeblock(0.1.5)”，直接单击其右侧的“安装”按钮即可。

安装成功后，编辑器会提示安装成功，且按钮状态变为“已安装”。

模式 2：PIP。

输入完整的库名称，如 Pillow，并单击输入框右侧的“安装”按钮。

注：Pillow 是一个基础的图像处理库。

安装成功后会显示“Successfully installed...”等信息。

（2）卸载 Python 库。

如果想要卸载某个 Python 库，在工具栏中选择“库管理”，在“推荐库”页签下找到需要卸载的 Python 库，并将鼠标滑动至右侧的“已安装”按钮，在按钮变成红色的“卸载”按钮时按下。

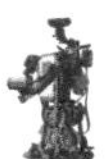

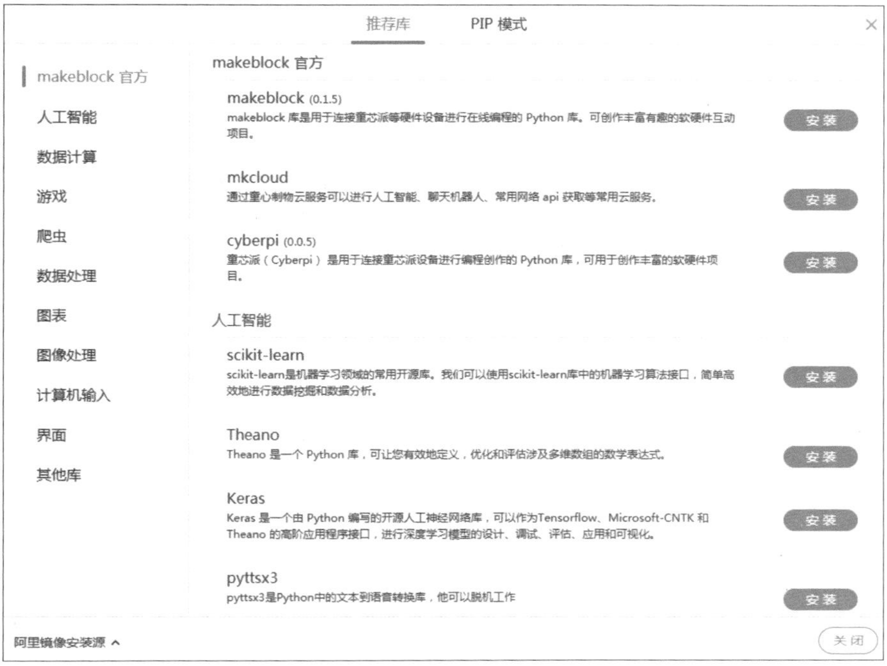

推荐库
PIP 模式
makeblock 官方
人工智能
数据计算
游戏
爬虫
数据处理
图表
图像处理
计算机输入
界面
其他库
makeblock 官方
makeblock (0.1.5)
makeblock 库是用于连接童芯派等硬件设备进行在线编程的 Python 库。可创作丰富有趣的软硬件互动项目。
安装
mkcloud
通过童心制物云服务可以进行人工智能、聊天机器人、常用网络 api 获取等常用云服务。
安装
cyberpi (0.0.5)
童芯派（Cyberpi）是用于连接童芯派设备进行编程创作的 Python 库，可用于创作丰富的软硬件项目。
安装
人工智能
scikit-learn
scikit-learn是机器学习领域的常用开源库。我们可以使用scikit-learn库中的机器学习算法接口，简单高效地进行数据挖掘和数据分析。
安装
Theano
Theano 是一个 Python 库，可让您有效地定义，优化和评估涉及多维数组的数学表达式。
安装
Keras
Keras 是一个由 Python 编写的开源人工神经网络库，可以作为Tensorflow、Microsoft-CNTK 和 Theano 的高阶应用程序接口，进行深度学习模型的设计、调试、评估、应用和可视化。
安装
pyttsx3
pyttsx3是Python中的文本到语音转换库，他可以脱机工作
安装
阿里镜像安装源
关闭

图 22-5　Python 库

小贴士

如果你要卸载的库之前是使用 PIP 模式安装的，且该库不属于“推荐库”中某个特定类别，则可在“其他库”中查找该库并卸载。

挑战自我

（1）安装 makeblock 官方提供的库。

（2）Python 编辑器自带有示例作品，如“字符画”“乘法口诀表”“近义词查询”等，如图 22-6 所示。

分类
人工智能
数据科学
Python 基础
主题
计算机视觉
数据挖掘
自然语言处理
Python 字符画

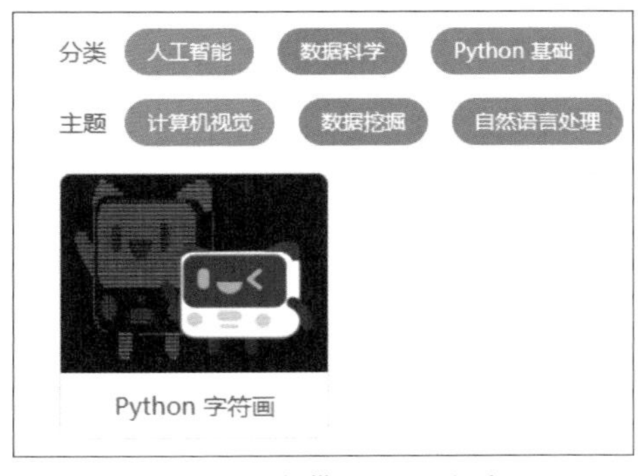

图 22-6　自带 Python 程序

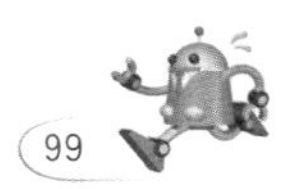

请你选择“工具栏”右侧的“示例”，打开你感兴趣的作品并运行，观察运行结果。

注：有些作品运行前需要根据提示安装相应的库。

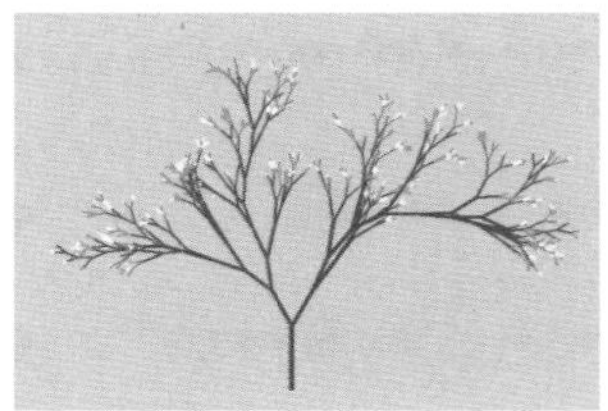

第 23 课　CyberPi 是什么“派”

童芯派自带蓝牙及 Wi-Fi，支持 30 余种扩展电子模块以及数块扩展板，能够支撑智慧农场、智能家居、自动驾驶车、智能机器人、竞赛用机器人等项目的制作，而 CyberPi 库能够帮助童芯派实现上述所有功能。

（1）连接设备。

使用 USB 数据线连接童芯派到计算机。在 Python 编辑器的“设备操作区”，单击“连接”按钮。编辑器会自动识别设备当前使用的串口，在弹出的对话框中单击“连接”按钮。

设备连接成功后，界面会显示“已连接”，如图 23-1 所示。

（2）编写程序。

参考下图程序，在“作品文件编辑区”输入代码。

```
1  import cyberpi
2  cyberpi.console.print("hello, I am cyberpi!")
```

注意：代码中的引号、括号必须在英文状态下输入。

第一行代码用来导入 CyberPi 库。其中 import 是“导入”的意思，是 Python 的关键

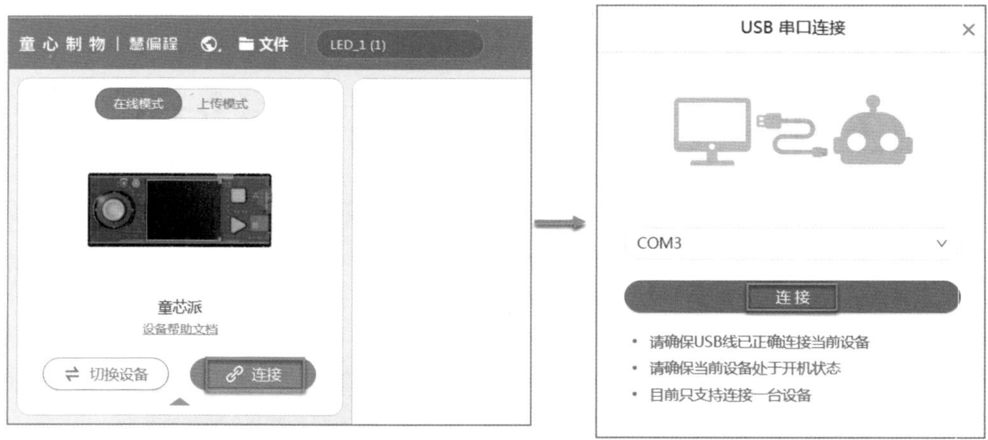

图 23-1　**连接童芯派**

字，用来导入 Python 的库；CyberPi 库指向运行在童芯派硬件上的 CyberPi 库，以及运行在计算机端的 Python 库。

第二行代码能够在童芯派的显示屏上显示信息。其中 console 是“控制台”的意思，print 也是 Python 的关键字，print()函数用于打印输出，是 Python 常见的一个函数。

（3）运行程序。

选择“在线模式”。

单击 Python 编辑器“终端”中的“运行”按钮，就可以看到程序的运行结果了。

慧编程的 Python 编辑器提供了两种创建作品的方法。

方法一：

（1）选择“文件”→“新建作品”，在“文件”右侧的文本输入框中输入创建的文件夹名称，如“我的作品 1”。

（2）在“作品文件区”的 main.py 处右击，选择“重命名”作品文件的名称，如 hello1.py。

注意：

（1）以这种方法创建作品，编辑器会同时创建一个文件夹和一个作品文件，放置于该文件夹中，如图 23-2 所示。

（2）创建的文件夹位于编辑器默认的作品路径下，可以在“作品文件”区右击作品文件并选择“打开文件位置”打开查看，如图 23-3 所示。

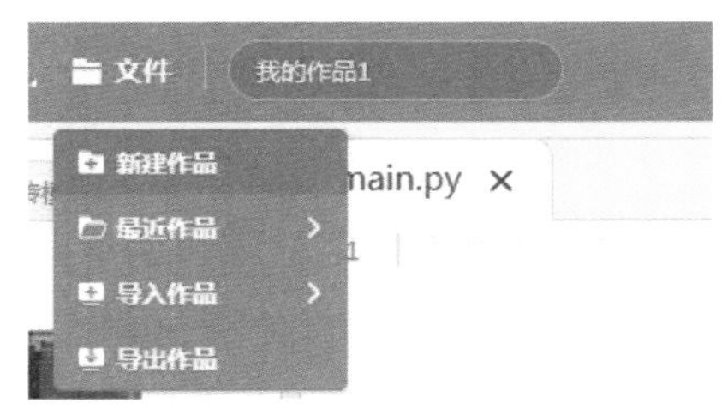

图 23-2　**新建作品**

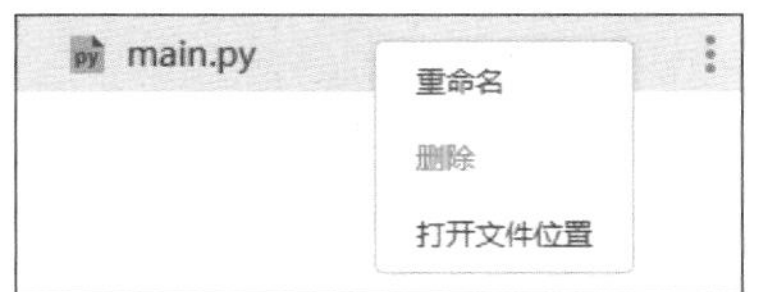

图 23-3　**重命名作品**

方法二：在作品文件区单击“新建 .py 文件”并输入文件名称，以 hello2 为例。

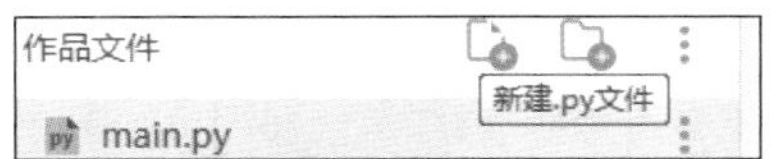

我们还可以单击“新建文件夹”来创建文件夹，并通过拖拽方式将作品文件放入或移出文件夹，从而实现对作品文件的管理。

小贴士

（1）导出作品。选择“文件”→“导出作品”，可以将作品导出。

注：导出的是当前打开的整个文件夹，导出的文件格式为.mcode。

（2）导入作品。选择“文件”→“导入作品”，将从其他地方获得的作品导入编辑器中。

注：不支持导入单个.py 文件。如需导入.py 文件，可将其放置在文件夹中，然后导入整个文件夹。

挑战自我

对于硬件编程，Python 编辑器提供了两种执行程序的模式：在线模式和上传模式。

在线模式支持 Python 3 相关 Python 库，无须上传程序，单击“运行”按钮，就可以查看运行结果，实现对童芯派等硬件设备的实时控制。但童芯派必须与 Python 编辑器保持连接。

上传模式仅支持 microPython，不支持与 Python 3 第三方库互动。

在该模式下，我们可以将上面的程序进行修改。

```
from cyberpi import *
console.print("hello, I am cyberpi! ")
```

在“设备操作区”单击“上传模式”，单击“确定切换”按钮，如图 23-4 所示。

单击 Python 编辑器“终端”中的“上传到设备”按钮。

运行　上传到设备　清空

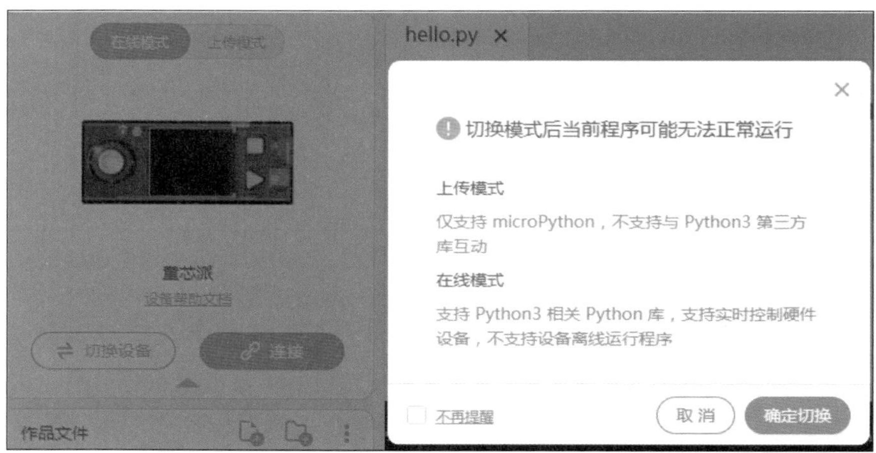

图 23-4　切换上传模式

上传成功后断开设备与软件的连接，程序依然能够在设备内运行。

第 24 课　爱唱歌的小星星

“一闪一闪亮晶晶，满天都是小星星，挂在天上放光明，好像许多小眼睛”。

这儿歌好听。小时候，每晚都要听着《小星星》我才能入睡，妈妈真是太辛苦了。

现在不用担心妈妈辛苦了，我们可以用童芯派作一个“爱唱歌的小星星”，解放妈妈。

1. CyberPi 库中的 API

CyberPi 库提供多个 API 用以实现对硬件的控制，这些 API 大致有播放、灯光、显示、感知等几大类。今天用到的 API 就是模拟乐器的。

```
cyberpi.audio.play_music(note, beat, type ="piano")
```

以特定的音符和节拍演奏指定乐器，该 API 会阻塞线程直至播放结束。使用该 API 可以谱曲并演奏乐曲。参数如下。

- type str，有效范围为“piano”，表示设定的演奏乐器。
- note int，有效范围为 0～132，表示乐器弹奏声音的频率高低，音符和参数值的关系见 note 取值与音符的对应关系。
- beat float，有效范围为大于 0 的数值，单位为“拍”表示该音符播放的时长。在正常的播放速度下，1 拍的时长为 1s。

note 取值与音符的对应关系如表 24-1 所示。

表 24-1 note 取值与音符的对应关系

简谱	note 取值	对应的音符
…	…	…
1	60	C4
2	62	D4
3	64	E4
4	65	F4
5	67	G4
6	69	A4
7	71	B4
	…	…

音符还有很多，需要根据不同的乐谱来选择对应的 note 值。小星星的简谱是 1=C4/4，所以我们采用上面的取值。

2. 小星星的简谱

我们需要一张“小星星”的简谱，这样才能根据简谱转换成对应的 note 值。

知道了上面的对应关系，我们就可以开始尝试编程了。

小 星 星

1=C $\frac{4}{4}$

佚名 词曲

1 1 5 5	6 6 5 -	4 4 3 3	2 2 1 -	5 5 4 4	3 3 2 -
一闪一闪	亮晶晶，	满天都是	小星星。	挂在天上	放光明，
5 5 4 4	3 3 2 -	1 1 5 5	6 6 5 -	4 4 3 3	2 2 1 -
好像许多	小眼睛。	一闪一闪	亮晶晶，	满天都是	小星星。

图 24-1　小星星简谱

```
import os
import sys
from time import sleep
###############################
#固定写法
import cyberpi
####################################

def pharase1():
    cyberpi.audio.play_music(60,0.5)
    cyberpi.audio.play_music(60,0.5)
    cyberpi.audio.play_music(67,0.5)
    cyberpi.audio.play_music(67,0.5)
    cyberpi.audio.play_music(69,0.5)
    cyberpi.audio.play_music(69,0.5)
    cyberpi.audio.play_music(67,1)
    sleep(1)

def pharase2():
    cyberpi.audio.play_music(65,0.5)
    cyberpi.audio.play_music(65,0.5)
    cyberpi.audio.play_music(64,0.5)
    cyberpi.audio.play_music(64,0.5)
    cyberpi.audio.play_music(62,0.5)
    cyberpi.audio.play_music(62,0.5)
    cyberpi.audio.play_music(60,1)
    sleep(1)

def pharase3():
    cyberpi.audio.play_music(67,0.5)
    cyberpi.audio.play_music(67,0.5)
    cyberpi.audio.play_music(65,0.5)
    cyberpi.audio.play_music(65,0.5)
```

```
    cyberpi.audio.play_music(64,0.5)
    cyberpi.audio.play_music(64,0.5)
    cyberpi.audio.play_music(62,1)
    sleep(1)

while True:
    pharase1()
    pharase2()
    pharase3()
    pharase1()
    pharase2()
```

小贴士

```
def pharase1():
```

为了程序更加简洁,我们将每句歌词的演奏放在一个函数里面。

图 24-2 是“两只老虎”的简谱,你能演奏出来吗?

1=C 2/4

1 2 3 1 | 1 2 3 1 | 3 4 5 | 3 4 5 | 5 6 5 4

两 只 老 虎，两 只 老 虎，跑 得 快，跑 得 快。一 只 没 有

3 1 | 5 6 5 4 3 1 | 2 5 1 | 2 5 1 ‖

耳 朵 一 只 没 有 尾 巴，真 奇 怪，真 奇 怪。

图 24-2　两只老虎简谱

第 25 课　变化的光影

今天我们用童芯派来制作“变幻的光影”，来装点我们的书桌。

1. CyberPi 库中的灯光 API

童芯派板载 5 颗可编程 RGB 灯，依赖如下 API 进行编程控制。

```
cyberpi.led.on(r, g, b, id = "all")
```

设置指定位置的 LED 灯珠颜色。参数如下。

- r int 或 str。

r 为 int 时，有效范围是 0～255，表示 LED 灯的红色色值。

r 为 str 时，表示颜色名称或缩写。颜色名称及其缩写对照表如表 25-1 所示。

表 25-1 颜色缩写

红	red	r
橙	orange	o
黄	yellow	y
绿	green	g
青	cyan	c
蓝	blue	b
紫	purple	p
白	white	w
黑	black	k

- g int，有效范围是 0～255，表示 LED 灯的绿色色值。
- b int，有效范围是 0～255，表示 LED 灯的蓝色色值。
- id int 或 str，默认值为"all"。

id 为 str 时，有效值为"all"，此时设置所有灯珠的颜色。id 为 int 时，有效范围为 1～5，此时设置对应位置的灯珠的颜色。灯珠对应位置如图 25-1 所示。

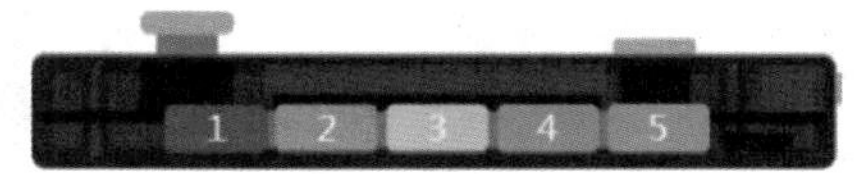

图 25-1 灯珠位置

```
import cyberpi
cyberpi.led.on(255, 0, 0)          #将整个灯条点亮为红色

import cyberpi
cyberpi.led.on('red', id = 1)      #将灯环上 1 位置的灯珠点亮为红色
import cyberpi
cyberpi.led.on('r', id = 1)        #将灯环上 1 位置的灯珠点亮为红色
```

2. cyberpi.led.show(color)

同时设置 5 颗 LED 灯的颜色，参数：color str，其格式需满足"color1 color2 color3 color4 color5"，其中 color 为 red/green/blue/yellow/cyan/purple/white/orange/black 或是其缩写 r/g/b/y/c/p/w/o/k。颜色字符间以单个空格隔开。当颜色个数大于 5 时将

被截断成 5 个。

3. led.move(step=1)

将灯带从左向右滚动对应格数。参数：step int，有效范围是－4～4，默认值 1，表示灯带向右移动的格数。

例如，将 5 颗 LED 灯的颜色设置为 r、o、y、g、c（红、橙、黄、绿、青），使用此 API，将 step 设为 0 时，显示颜色为设置的颜色［见图 25-2(a)］；将 step 设为 1 时，显示颜色依次向右移动，第一颗 LED 灯将显示原先最后一颗 LED 灯的颜色［见图 25-2(b)］。

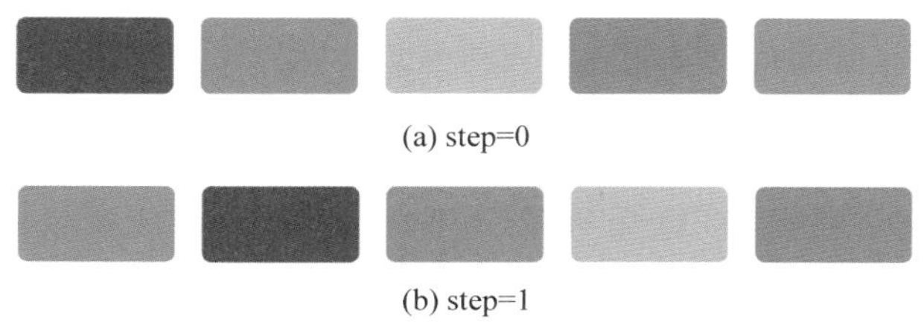

(a) step=0

(b) step=1

图 25-2　LED 灯颜色依次右移效果

4. cyberpi.led.set_bri(brightness)

设置童芯派上 LED 灯的显示亮度。参数：brightness int，有效范围 0～100%，表示 LED 灯点亮亮度的百分比。

小贴士

灯光要实现周期的亮度变化，可以用我们熟悉的正弦函数 sin()来实现，如图 25-3 所示。

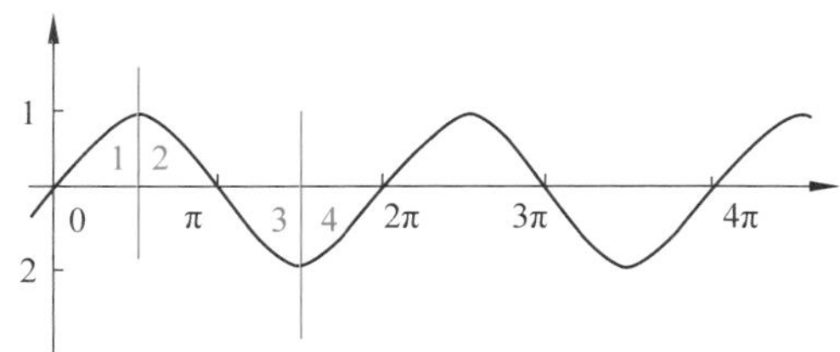

图 25-3　正弦函数 sin()

我们用变量 count 不断地加 1，因为正弦函数有四个不同的图像区间，所以我们用 sin(count/4)来实现周期循环，最大值有可能接近 1，所以再乘以 50，加个 52，让整个值接近 100，也就是灯的亮度 100%，同理最小值接近－1，所以再乘以 50，加个 52，让整个值接近 0，也就是灯的亮度 0%，整合下来就是

```
cyberpi.led.set_bri(math.sin(count/4) * 50+52)
```

挑战自我

上面的知识普及完了，你能自己做出来吗？

```
import math
import random
import cyberpi
from time import sleep

cyberpi.led.show("r g b y c")
#给童芯派上灯带一个初始灯效
count = 0
while True:
    cyberpi.led.set_bri(math.sin(count/4) * 50 + 52)
    #利用 math 库的三角函数功能使得灯带的亮度周期性变化
    cyberpi.led.move(1)
    #使用童芯派的灯带滚动功能实现跑马灯效果
    count += 1
        sleep(0.1)
```

你还有哪些想法？比一比，看看谁的效果更炫？

第 26 课　设计生成二维码

“你扫我，还是我扫你？”“老板，算一下多少钱，扫哪儿？”“扫一扫，更多惊喜等着你”。

随着二维码消费的流行，我们的生活每天都要扫一扫，许多不方便展示的信息都可以通过二维码来辅助完成。

如果你有什么悄悄话怕别人看出来，可以制作一个二维码，起码别人从表面上看不出你要表达的意思，今天我们用童芯派作一个含有密语的“二维码”，用它来表达我们的心意。

1. qrcode 库

qrcode 是个用来生成二维码图片的第三方模块。

2. qrcode 库的导入与安装

我们用“import qrcode”导入 qrcode 库，如果出现如图 26-1 所示的提示，证明还没有安装这个库。

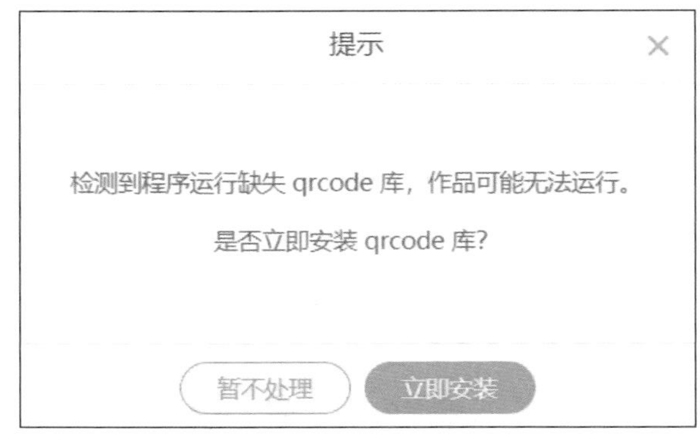

图 26-1 **导入并安装 qrcode 库**

单击“立即安装”按钮，出现如图 26-2 所示的提示，表示已经安装成功。

图 26-2 **安装成功**

我们就可以开始尝试编程了：

```
import qrcode
img = qrcode.make("名声在外,有好有坏,以前是以前,现在是现在")
```

```
img.save("名声.png")
```

单击“运行”按钮，左下角会多出一个文件“名声.png”。

单击文件名，可以在屏幕上看到这个二维码，扫一扫二维码就可以看到我们设置的文字内容。

单击文件名右边的三个圆点，可以打开文件所在的位置。

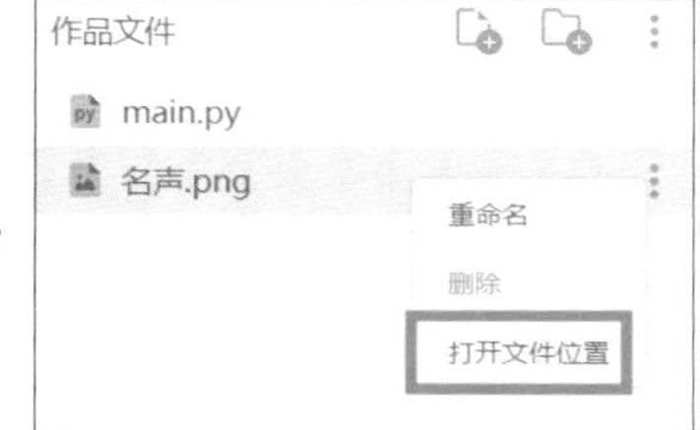

小贴士

QR 码是二维条码的一种，QR 来自英文“quick response”的缩写，即快速反应的意思，源自发明者希望 QR 码可让其内容快速被解码。

QR 码比普通条码可存储更丰富的信息，包括对文字、URL 地址和其他类型的数据加密，也无须像普通条码般在扫描时需直线对准扫描器。

QR 码呈正方形，只有黑白两色。在 3 个角落中印有较小的“回”字正方形图案，这 3 个是帮助解码软件定位的图案，用户可不需要对准扫描，任意角度数据都能被正确读取。

挑战自我

把你的悄悄话做成二维码，发给你的好朋友们吧！

第 27 课　猜数字小游戏

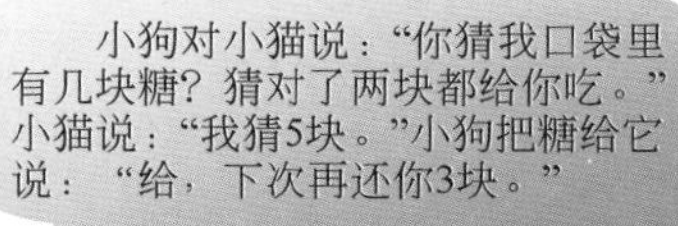

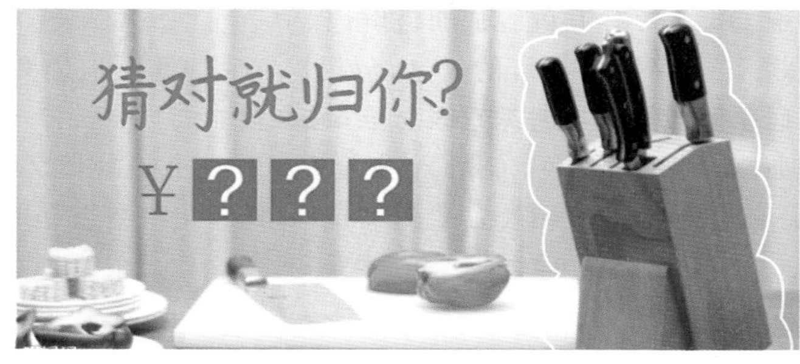

生活中也有不少这样的活动，猜对价格，商品就归你了。今天我们用童芯派作一个“猜数字的游戏机”，研究研究这其中有什么奥秘。

做一做

27.1　介绍游戏规则

（1）设置一个中奖数字。

（2）用户输入数字。

(3) 根据用户输入的数字与中奖数字进行比较。

(4) 根据不同的比较结果给予相应的提示。

27.2　让学生试着画出流程图

猜数字游戏整个流程如图 27-1 所示。

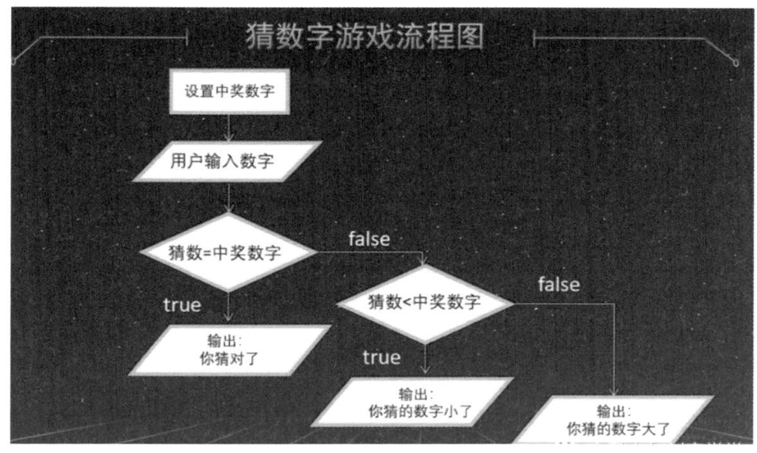

图 27-1　猜数字游戏流程

27.3　多条件选择结构

根据流程图,我们可以看出游戏具备多种条件选择,这时候我们就可以利用 if...elif...else这样的多条件选择结构来实现。

(1) 使用 if...elif...else 语句时,表达式可以是一个单纯的布尔值或变量,也可以是比较表达式或逻辑表达式;

(2) 如果表达式为真,则执行语句;如果表达式为假,则跳过该语句,进行下一个否则再判断语句 elif,只有在所有表达式都为假的情况下,才会执行 else 语句下的执行语句,并且 else 语句不具备表达式。

编程代码如下:

```
number=99
number_guess=int (input("你猜的数字是: "))
if number==number guess:
    print("你猜对了")
elif number>number_guess:
    print("你猜的数字小了")
else:
    print("你猜的数字大了")
```

27.4 random 库

random 库用于生成随机数，目的是为了每次游戏的数字是随机的。

random.randint(m,n)函数，返回(m,n)中的一个随机整数，m、n 必须是整数，例如 random.randint(1,100)，返回 1～100 间的一个随机整数。

27.5 break 函数

break 语句可以跳出 for 和 while 的循环体。

知道了上面的对应关系，我们就可以开始尝试编程了。

```
import random
num = random.randint(1, 100)
count = 7
print("猜数字挑战开始,你有七次机会")
while True:
    guess = int(input("输入你猜的数字: "))
    if guess = = num:
        print("恭喜你猜对了")
        break
    elif guess > num:
        count -= 1
        print("猜大了")
        print("你还有", count, "次机会")
    else:
        count -= 1
        print("猜小了")
        print("你还有", count, "次机会")
    if count = = 0:
        print("挑战失败了……")
        print("正确的数字是", num)
        break
```

小贴士

二分法查找数据

算法：当数据量很大适宜采用该方法。采用二分法查找时，数据需是排好序的。

基本思想：假设数据是按升序排序的，对于给定值 key，从序列的中间位置 k 开始比较，如果当前位置 arr[k]值等于 key，则查找成功。

若 key 小于当前位置值 arr[k]，则在数列的前半段中查找，arr[low，mid−1]。

若 key 大于当前位置值 arr[k]，则在数列的后半段中继续查找 arr[mid+1，high]，直到找到为止，时间复杂度：$O[\log(n)]$。

7 次的由来

最多 $\log_2(100)+1=7$ 次，第一步先猜大于 50 还是小于 50，如果大于 50 再猜大于 75 或者小于 75，然后继续……可以看出每次范围都会由此缩小一半，也就是假设最小次数是 N，则 2 的 N 次方要大于 100，这样就能覆盖每一个数，这个最小的数字就是 7，2 的七次方为 128。

编写出程序，曹植七步作诗，你能七步之内猜出正确的数字来吗？

第 28 课　好饿的小蛇

同学们都喜欢信息技术课，尤其是那些喜欢玩游戏的同学，小组全部完成任务后，就可以玩一会儿游戏。

你喜欢哪些游戏？我智商不够，就喜欢玩俄罗斯方块和贪吃蛇。

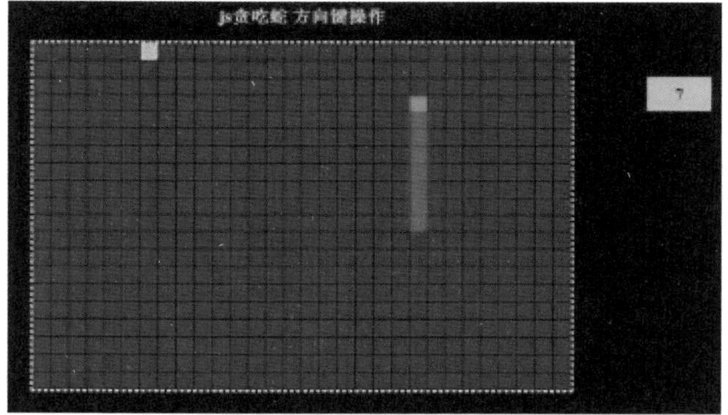

这个好办，我们可以利用童芯派制作贪吃蛇游戏。

1. 导入库

```
import pygame
from sys import exit
import random
```

```
import time
import cyberpi
```

2. 初始化框架

```
pygame.init()
width = 800
hight = 400
```

因为游戏窗口(见图 28-1)的宽和高要经常用到，所以把它存在一个变量里面。

图 28-1　**游戏窗口**

```
ROW = 30
CLO = 50
```

设置小方格的数量 30×50 个。

```
direct = 'left'
window = pygame.display.set_mode((width,hight))
pygame.display.set_caption('贪吃蛇游戏')
```

在我们 set_mode 的同时会给我们创建一个 window 对象，我们就可以拿着 window 对象去显示了，set_caption 设置标题，现在运行就会有个一闪而过的窗口。下面我们的代码会解决这个问题，我们代码最重要的部分：游戏循环，这个循环要一直循环下去，但是不能让他变成死循环。怎么解决这个问题呢？首先，这个游戏是可以结束的，结束的条件就是当用户点击退出或者是操作的蛇撞死的时候，这个循环就可以停了。所以我们可以设置一个变量 quit=False，让他一直是 False，循环应该结束的时候变成 True；其次，我们不能让这个循环一直不停地跑，我们要留出时间来去做一些游戏的渲染或者其他的一些工作，这些工作都是交给系统的，这里我们会用到 pygame 里面的 time.Clock()这个就是游戏的时间控制，比如把这个游戏调成多少帧，意即蛇运动的速度，数值越小，速度

越慢。

```
quit = True
#设置帧频率
clock = pygame.time.Clock()
while quit:
    #处理帧频 锁帧
    clock.tick(30)
```

现在已经可以出现一个这样的窗口了

接下来我们还要处理游戏的一些事件和渲染，我们第一个要处理的事件就是游戏的退出。

```
for event in pygame.event.get():
        if event.type = = pygame.QUIT:
            quit = False
pygame.display.flip()    #暂时把控制权交还给系统，让系统去做一些渲染操作
#背景画图
    pygame.draw.rect(window, (20, 10, 10), (0, 0, width, hight))
```

现在已经完成了框架初始化的操作。

3. 绘制场景

如图 28-2 所示为绘制场景。

			列	列	列	CLO	CLO	CLO	CLO	CLO	CLO	CLO	CLO	CLO	CLO	CLO										
	行	1	2	3	4	5	6	7	8	9	10	11	12	13	14	15	16	17	18	19	20	…				50
	行	2																								
	行	3																								
	ROW	4																								
	ROW	5																								
	ROW	6																								
	ROW	7																								
	ROW	8																								
	ROW	9																								
		…																								
		30																								

图 28-2 **绘制场景对应表**

可以把上面的场景看成一个相对较大的二维数组，类似于这样：

```
0 0 0 0 0
0 2 1 1 0
0 0 0 1 1
```

1 代表蛇，2 代表食物，每个元素都有一个数据。

现在我们需要把这些场景体现出来。

```
class Point():
    def __init__(self, row, clo):
        self.row = row
        self.clo = clo

    def copy(self):
        return Point(row=self.row, clo=self.clo)

# 初始化
pygame.init()
width = 800
hight = 400

ROW = 30
CLO = 50
```

先设置这个格子的行 CLO＝30 和列 ROW＝50 行决定了它的纵向，列决定了它的左右位置。现在我们就得到了每个格子的宽度＝总宽度(width)/列(ROW)，高度＝总高度(hight)/行(CLO)，后面会有用。这里我弄一个 Point 对象，让每一个点由行和列组成，把点的行和列都保存起来，大致是这样一个功能。

下面开始定义坐标。

```
#蛇头坐标定在中间
head = Point(row= int(ROW/2), clo= int(CLO/2))
#生成食物并且不让食物生成在蛇的身体里面
def gen_food():
    while 1:
        position = Point(row= random.randint(0, ROW -1), clo= random.randint
                (0, CLO -1))
        is_coll = False
        if head.row = = position.row and head.clo = = position.clo:
            is_coll = True
        for body in snake:
            if body.row = = position.row and body.clo = = position.clo:
                is_coll = True
                break
        if not is_coll:
            break
    return position
#定义坐标
#蛇头颜色可以自定义
head_color = (0, 158, 128)
#食物坐标
snakeFood = gen_food()
#食物颜色
snakeFood_color = (255, 255, 0)
```

```
snake_color = (200, 0, 18)
```

先从蛇的头开始，蛇头其实就是一个 point 对象 我们让它的初始位置在正中间，然后再定义蛇的食物，因为蛇的食物是随机出现的，所以这里我们用到 random 模块，这里有个小细节，我们要生成食物并且不让食物生成在蛇的身体里面，我们可以定义一个函数 gen_food()去解决。

4. 定义画一个小方块函数

需要执行很多步画图操作 所以定义一个函数。

```
def rect(point,color):
    #定位画图需要 left 和 top,换算成游戏窗口坐标,距离左上角的数值
    left = point.clo * width/CLO
    top = point.row * hight/ROW
    #将方块涂色
    pygame.draw.rect(window, color, (left, top, width/CLO, hight/ROW))
```

但是我们要计算坐标位置，在绘图中我们是不可以使用行和列的，我们获取到它的位置就要使用上下左右的间距，由此可以推算出左间距＝clo * 格子的 width，上间距＝row * 格子的 height。每个小格的宽：width/CLO，高：hight/ROW。因为需要执行很多步画图操作 所以定义一个函数，这里其实是将方块涂色。

5. 画蛇的部分

```
#蛇头
    rect(head, head_color)
    #绘制食物
    rect(snakeFood, snakeFood_color)
    #绘制蛇的身子
    for body in snake:
        rect(body, snake_color)
```

6. 蛇的移动

比如我们要朝左边，行(row)不动，clo－＝1 右边就是 clo＋＝1，以此类推……

我们可以先定义一个变量表示当前蛇移动的方向 再进行移动判断。

```
direct = 'left'
    #cyberpi 遥杆控制
    if cyberpi.controller.is_press("up"):
        if direct = = 'left' or direct = = 'right':
            direct = 'top'
    if cyberpi.controller.is_press("down"):
        if direct = = 'left' or direct = = 'right':
            direct = 'bottom'
    if cyberpi.controller.is_press("left"):
        if direct = = 'top' or direct = = 'bottom':
            direct = 'left'
```

```
    if cyberpi.controller.is_press("right"):
        if direct == 'top' or direct == 'bottom':
            direct = 'right'

#移动一下
    if direct == 'left':
        head.clo -= 1
    if direct == 'right':
        head.clo += 1
    if direct == 'top':
        head.row -= 1
    if direct == 'bottom':
        head.row += 1
```

这里还有一个小细节 就是当你在往左移动时，不能直接朝右边移动，朝上移动时，不能直接朝下，所以我们加了 if 判断。

7. 处理蛇的跟随移动

```
#初始化蛇身的元素数量
snake = [
    Point(row= head.row, clo= head.clo +1),
    Point(row= head.row, clo= head.clo +2),
    Point(row= head.row, clo= head.clo +3)
]
```

我们把坐标以元组的形式放入一个列表，每次移动头的位置会向对应的方向移动 1 格，把原来的头插入到前面，并且尾部会消失，因为头往前移动了一格，其他不需要变动，只变动头和尾就可以。

```
class Point():
    def __init__(self, row, clo):
        self.row = row
        self.clo = clo

    def copy(self):
        return Point(row=self.row, clo=self.clo)
```

为了方便我们再给 point 对象添加一个方法 copy，在 copy 的过程中其实就是创建一个新的 point，这样就可以复制它自己。

```
# 吃东西
eat = (head.row == snakeFood.row and head.clo == snakeFood.clo)

# 处理蛇的身子
# 1.把原来的头插入到snake的头上
# 2.把最后一个snake删掉
if eat:
    snakeFood = Point(row=random.randint(0, ROW - 1), clo=random.randint(0, CLO - 1))
snake.insert(0, head.copy())
if not eat:
    snake.pop()
```

但是如果蛇吃到食物之后，他是会增加一格的，所以我们这里判断一下，如果蛇头与食物重合，就说明蛇吃到了食物，没重合就说明没吃到这个食物，并且每次吃到这个食物，食物又会在随机位置出现。

```
dead = False
if head.clo < 0 or head.row < 0 or head.clo >= CLO or head.row >= ROW:
    dead = True
for body in snake:
    if head.clo == body.clo and head.row == body.row:
        dead = True
        break
if dead:
    print('Game Over')
    pygame.quit()
    exit()
    quit = False
```

8. 判断游戏结束

我们要处理蛇撞到墙壁或者撞到自身之后游戏结束的操作，其实很简单，如果蛇头出现在了格子以外的地方或者蛇头与蛇的身体重合，就会视为游戏失败，随即会退出游戏。

小贴士

pygame.event.get()是获取到当前事件的队列，因为我们要处理这个队列的所有事件，一般我们都会设置一个循环，就可以去处理内部一个一个的 event。

pygame.draw.rect(参数 1，参数 2，参数 3)绘制工具，参数 1 要说明你要往哪画，参数 2 要说明你要画什么颜色的东西，参数三要说明你要画的范围，从哪开始到哪里结束。

pygame.display.flip()更新整个待显示的对象互屏幕上。